無印良品居家工作質感空間打造哲學

在家工作也能擁有好心情、高效率。

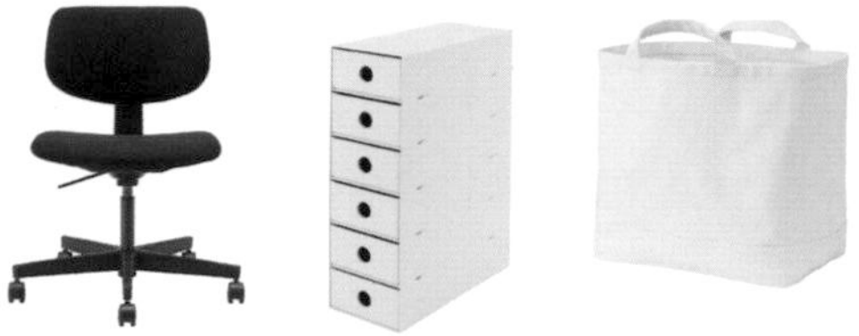

三悅文化

22位

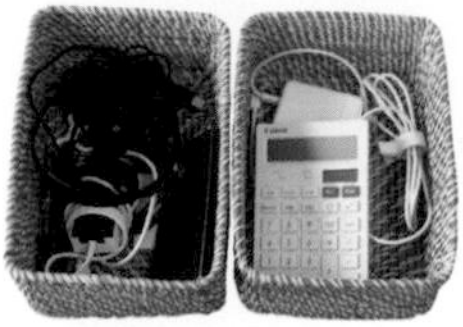

無印良品打造的居家工作空間

Contents

Column

書中商品價格皆已含稅。
書中商品價格標示為本書出版前之價格。

前言

這些日子，
我們的工作型態和以往大不相同了。
居家辦公逐漸成為常態，
人們也冒出各式各樣的新煩惱──
「在家沒辦法專心工作」
「在家沒有足夠的工作空間」
「工作做一做就把家裡弄亂了」

想要解決這些生活上的「困擾」，
最靠得住的果然還是
我們的「無印良品」。
本書從海量的範例之中，
精挑細選出一些使用無印良品
打造出便利、舒適工作環境的創意。

工作之餘，
想要規劃一個自己從事興趣的空間
或幫孩子設立一個念書區的讀者，
相信也可以從這本書獲得靈感。

PART1

參觀
無印良品達人的
居家工作空間

CASE 01

客飯廳

多虧無印良品
讓我能夠擁有
親子並肩而坐的工作區

生活規劃顧問／瑜珈教練
岩城真由美

profile：生活規劃顧問、瑜珈教練。瑜珈指導資歷16年。經營部落格「未來新生活」和瑜珈教室「Cocoyoga Studio」，創辦以「整頓身心與生活」為宗旨的整理和瑜珈課程。她住在公寓，和先生與小學4年級的兒子一起生活。
https://simple10tree.com

※此頁使用的無印良品商品資訊請見p.14～15

時鐘（Ⓐ）上還有標示分鐘，孩子也能輕鬆判讀時間。書桌是用無印良品的「SUS不鏽鋼收納」系列組成，可惜已經停產了。椅子的部分兩人各自選擇自己坐得舒服的款式，左邊（Ⓑ）是岩城女士的位置。

for WORK

妥善運用空間 減少桌面物品

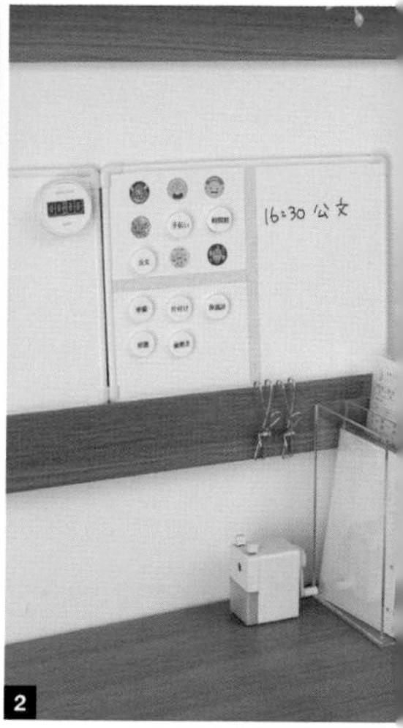

1裝在牆上的棚板（Ⓒ）當作裝飾架。　**2**長押（Ⓓ）上擺著我管理工作進度和項目用的白板和計時器（Ⓔ），還有夾兒子美勞作品用的掛鉤夾（Ⓕ），所以我將它從原本的位置拆下來，裝設在更方便使用的位置。隨時要用的印刷品放進壓克力間隔板（Ⓖ）。削鉛筆機（Ⓗ）也選擇較小型的。

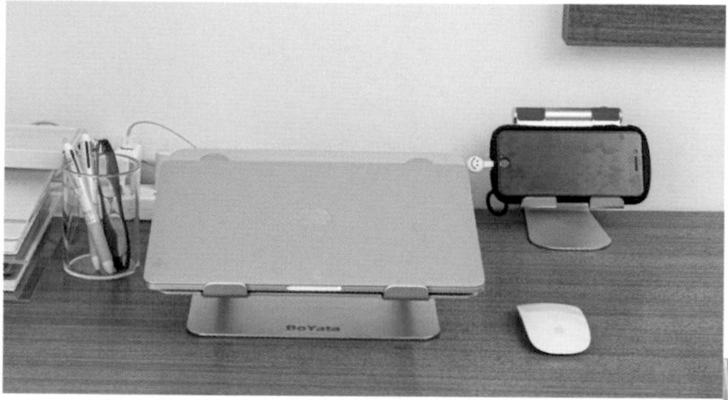

岩城女士的工作區域。除了筆筒、電腦、手機，旁邊也只有記事本和筆記本、無線耳機。桌上只擺最低限度的必需品，自然隨時都能保持整潔。電腦和手機搭配支架使用，舒適感再升級。

即使外在環境驟變 無印良品也能靈活應對

岩城女士的文具、收納用品和家具幾乎都來自無印良品。「他們用不膩的簡單設計和輕便材質一直都很吸引我。」她以前習慣在餐桌上處理文書作業，而廚房工作檯前的小書桌和層架則是兒子念書的地方。然而新冠肺炎疫情爆發，工作和生活的型態在一夕之間完全改變。「上課、開會都改在線上進行，孩子也無法出門上學……所以有必要規劃一個更能集中做事的環境。」

她將書桌和層架移到客飯廳牆邊，變更成親子可以併肩做事的共享空間。「好險層架容易改變擺放與組合方式，省了我不少麻煩。」

※此頁使用的無印良品商品資訊請見p.14～15

兒子的課本、學校用品還有岩城女士最常用的文具集中保管在3×2的層架（Ⓐ）。層架上方裝了一個專門掛帽子的掛鉤（Ⓑ），如此孩子放下書包時也能順手掛上帽子。裝在牆壁上的收納箱則能適度點綴房間（Ⓒ・Ⓓ）。

for

STORAGE

一個抽屜一主題
收納清楚又分明

4層架專用4層抽屜櫃（Ⓗ）上面2層給兒子用。從上往下數第2層擺了釘書機（Ⓘ）和膠帶台（Ⓙ）、打洞機（Ⓚ）、剪刀（Ⓛ）、紙膠帶等經常使用的文具。**5**下面2層則是岩城女士專用。第3層擺著剪刀（Ⓛ）、紙膠帶等經常使用的文具。　**6**可堆疊椰纖編長方形籃（Ⓜ）裡面放著學校用品和從學校帶回來的東西。

2

1

4

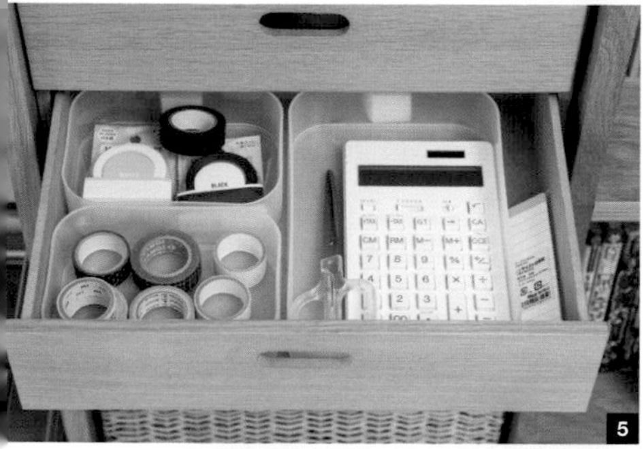
5

3

1層架專用4個抽屜櫃（Ⓔ）的右上方收納便當袋和手帕。這部分交給兒子自己整理，所以採用隨手一放就好的簡單方式。　**2**Ⓔ的抽屜深度很足，很適合收納各式各樣的筆和小冊子。　**3**帆布籃（Ⓕ）裡面放兒子的教科書。用檔案盒（Ⓖ）裝起來可避免書本彎掉或折到。

6

備用品收納在半透明的收納用品裡，需要時不怕找不到。小物收納盒6層（Ⓝ）、3層（Ⓞ）裡收著文具備用品，立式檔案盒（Ⓟ）則用來收納工作用的書本、文件、線材。

※此頁使用的無印良品商品資訊請見p.14～15

for YOGA LESSON

馬上將客廳變成瑜珈教室！

BEFORE

AFTER

這款時鐘（Ⓐ）走動時很安靜。只要將桌子（Ⓑ）、沙發椅（Ⓒ）和長凳（Ⓓ）挪到工作區，客廳就能馬上清出瑜珈空間。

空間不忘「留白」工作生活都快活

岩城女士從三年前開始在家裡開設瑜珈課程。平常擺在客廳的「LD兩用」沙發桌椅組，上課時會暫時挪到工作區。「桌椅很輕，很好搬。而且這幾張椅子的高度比較低，坐起來很舒服，可以取代沙發。所以我們家工作區以外的家具就只有這一組桌椅和電視櫃。這也很符合我們家重視生活空間留白的精神。」

岩城女士說，欲充分發揮無印良品家具和收納用品出色的功能，重點就是空間要留白。「工作區的東西能少則少。平常注意東西不要塞太滿，收納時也不必太費心，需要用什麼都能馬上找到。」

玄關也放一台香氛機，用香氛迎接訪客的到來。miroco-machiko的插畫和無印良品的風格也很搭。

一座瑜珈教室怎麼能少了香氛機（Ⓔ）。岩城女士準備了許多無印良品的香精油，並根據當天心情和課程內容使用不同類型的香氛。

瑜珈用品收在工作區旁邊的系統櫥櫃裡。SUS層架（Ⓕ）下層放瑜珈墊和靠墊，第1層的不鏽鋼收納籃（Ⓖ）收著瑜珈帶，最上方的藤編籃（Ⓗ）中收納瑜珈磚。用籃子裝比較方便搬運，學員也能輕易找到所需器材。

※此頁使用的無印良品商品資訊請見p.14～15

CASE 01

岩城真由美女士的愛用品

for STORAGE

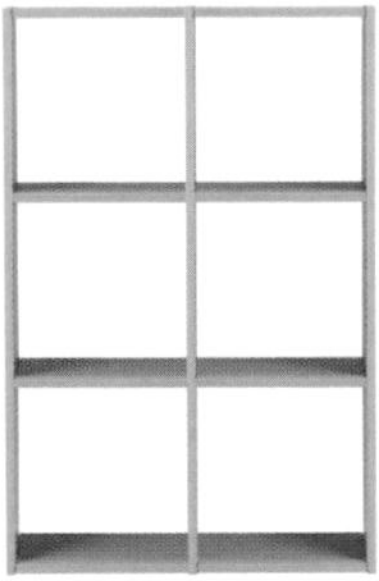

Ⓐ

自由組合層架
橡木／3×2
（寬82×深28.5×高121cm）24,900日圓

Ⓑ

壁掛家具／掛鉤
橡木
（寬4×深6×高8cm）
890日圓

Ⓒ

壁掛家具／箱
44cm／橡木
（寬44×深15.5×高19cm）3,490日圓

Ⓓ

壁掛家具／箱
1格／橡木
（寬19×深15.5×高19cm）2,290日圓

Ⓔ

橡木組合收納櫃
抽屜／4個
（寬37×深28×高37cm）5,990日圓

Ⓕ

附把手帆布
長方形籃／深
（約寬37×深26×高32cm）2,790日圓

Ⓖ

聚丙烯檔案盒
標準型／寬
A4／白灰
（約寬15×深32×高24cm）690日圓

Ⓗ

橡木組合收納櫃
抽屜／4段
（寬37×深28×高37cm）5,990日圓

Ⓘ

釘書機
290日圓

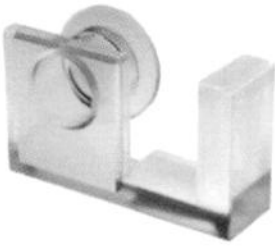

Ⓙ

壓克力膠帶台
／小
（小捲膠帶用膠台）
120日圓

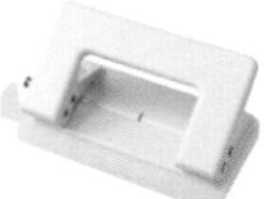

Ⓚ

鋼製2孔
打洞機
（側邊附伸縮
測量尺）390日圓

for WORK

Ⓐ

易讀時鐘
（掛鐘）5,990日圓

Ⓑ

無垢材椅／橡木
布面座
（寬38×深48.5×
高79cm）
12,900日圓

Ⓒ

壁掛家具／L型棚板
88cm／橡木
（寬88×深12×高10cm）3,490日圓

Ⓓ

壁掛家具／長押
88cm／橡木
（寬88×深4×高9cm）2,990日圓

Ⓔ

廚房用計時器／
圓形
1,490日圓

Ⓕ

不鏽鋼絲夾／掛鉤式
（4入、約寬2×深5.5×
高9.5cm）390日圓

Ⓖ

壓克力收納架／
A5
（約寬8.7×深17×
高25.2cm）
1,490日圓

Ⓗ

手動削鉛筆機／小
（約寬5.5×深10.6×
高10.8cm）590日圓

for

YOGA LESSON

Ⓔ

大容量超音波芳香噴霧器

（約直徑16.8×高12.1cm）6,890日圓

Ⓕ

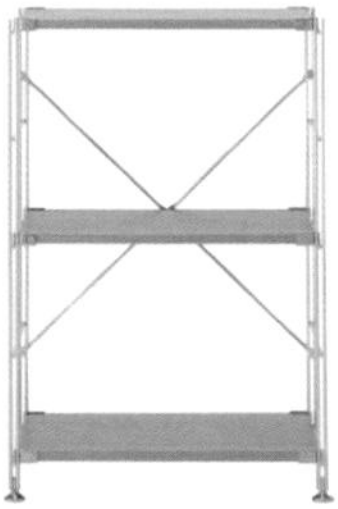

SUS橡木層架組／小

（寬58×深41×高83cm）15,900日圓
※p.13還加裝了1片「SUS追加棚／橡木寬56cm用」（2,690日圓）。

Ⓖ

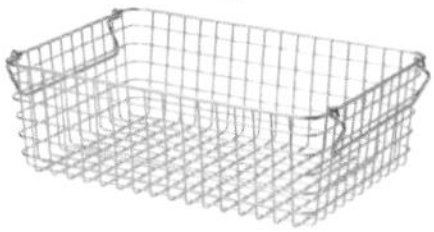

18-8不鏽鋼收納籃3

（約寬37×深26×高12cm）2,290日圓

Ⓗ

可堆疊藤編長方形籃／中

（約寬36×深26×高16cm）2,290日圓

Ⓐ

指針式壁鐘／大

（白）3,990日圓

Ⓑ

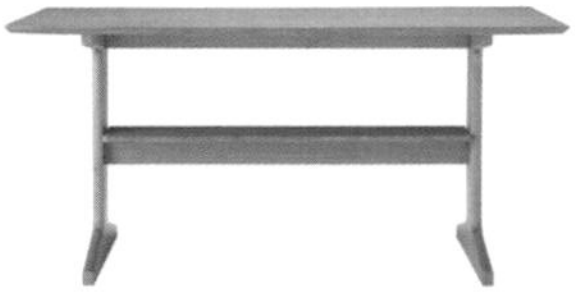

LD兩用桌

（寬130×深80×高60cm）44,900日圓

Ⓒ

LD兩用沙發椅※

（寬55×深78×高77cm）24,900日圓

Ⓓ

LD兩用凳※

（寬56×深46×高40.5cm）12,900日圓

Ⓛ

不鏽鋼剪刀

（全長約15.5cm、透明）190日圓

Ⓜ

椰纖編長方形籃／中

（約寬37×深26×高16cm）1,190日圓

Ⓝ

聚丙烯小物收納盒6層

（約寬11×深24.5×高32cm）2,490日圓

Ⓞ

聚丙烯小物收納盒3層

（約寬11×深24.5×高32cm）1,990日圓

Ⓟ

聚丙烯立式斜口檔案盒A4

（約寬10×深27.6×高31.8cm）490日圓

※「LD兩用沙發椅」「LD兩用凳」的面套皆須另外購買。岩城女士使用的面套為「LD兩用沙發椅套／水洗棉帆布／原色」（4,990日圓）和「LD兩用凳座面套／水洗棉帆布／原色」（2,490日圓）。

CASE 02

飯廳

即使在全家人的公共空間也能靠簡便收納高效工作

食物＆軟裝造型師／料理研究家
江口惠子

profile：平時的工作是設計食品與室內軟裝造型，還有研發食譜。活動領域跨足雜誌、廣告、網路。她於東京吉祥寺經營料理教室「natural food cooking」，同時於教室內經營咖啡簡餐店「ORIDO」。家族成員有先生、高中1年級的大女兒、國中1年級的兒子、小學4年級的小女兒。https://natural-foodcooking.jp

 ※此頁使用的無印良品商品資訊請見p.22～23

工作用品集中擺在餐桌後方的櫃子上。3層抽屜裡放著會計相關文件，並暫且依日期分開整理，有空時再歸檔雲端。

根據目的概略收納
待辦事項一目了然

造型師、料理研究家、料理教室講師、咖啡廳老闆、母親……身兼多職的江口女士，手上總有多項工作並行。她現在都在全家共用的餐桌上處理文書作業。她說一開始工作時，離座後也沒辦法馬上擺脫工作的心情，害自己整天毛毛躁躁的。「所以我想了一個可以迅速收拾、又可以迅速開工的收納方法。」這個方法就是用不鏽鋼收納籃分類收納各項工作的東西。

印表機上的不鏽鋼收納籃（Ⓐ）固定放影印紙、江口女士的筆記型電腦、記事本。

1 不同工作用不同的不鏽鋼收納籃（Ⓐ）裝起來並層層堆疊。從側面可以看出內容物，但又不會太透，因此擺在客廳也不會令人分心。
2 不鏽鋼收納籃的把手收進籃子後還可以堆疊。「A4大小的文件也能輕鬆收納，而且籃子底很淺，拿取時也不會卡。」

孩子的念書區

廚房邊原本是兩夫婦的工作區，現在則是兒子和小女兒在使用。硬質紙箱抽屜盒（Ⓑ）和半透明小物收納盒（Ⓔ）也由兩個孩子接手，繼續大顯身手。

「概念很像待辦清單，清楚列出要做的事情。不鏽鋼收納籃很方便，就算疊在一起，從側面還是能一眼看出裡面裝的東西。無印良品的收納用品不管是方便性還是品質都比其他廠牌優秀，所以自然而然就會選擇他們家的東西。」

 ※此頁使用的無印良品商品資訊請見p.22～23

for

WORK

組合層架專用4層抽屜櫃（Ⓓ）每一層收納的物品都有固定類別，例如最下層放名片和照片影印紙。

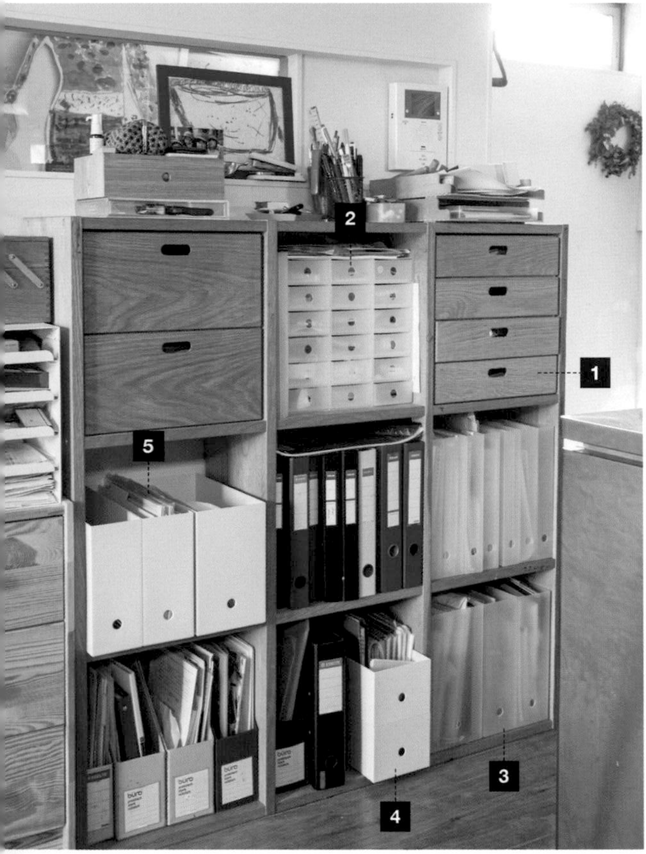

江口女士和其他家人的文具、資料、共用物品都收在3×3的層架（Ⓒ）。「無印良品收納用具好就好在可以隨時添購，還能自己決定組裝形式。」左上方的層架專用2層抽屜櫃（Ⓗ）夠深，適合收納相機和香氛用品。層架上面的單層木製小物收納盒（Ⓘ）則用來放一些不能搞混的重要物品。

❷3個半透明小物收納盒（Ⓔ）並排，收納全家人的文具。「抽屜內還可以用隔板清楚區隔，就算不貼標籤，孩子也知道東西放哪裡。」❸半透明的立式檔案盒（Ⓕ・Ⓖ）收納雜誌剪報和筆記本。

❹堆疊2個白灰色1/2檔案盒（Ⓙ），下面放信封，上面剛好可以放還在使用的筆記本。❺料理教室的食譜則依班別收納在不同的檔案夾裡，然後統一裝進檔案盒（Ⓚ・Ⓛ）。

玄關旁寬敞的空間用自由組合層架（Ⓐ・Ⓑ・Ⓒ・Ⓓ）組成5×8的牆面收納櫃（8列中有3列較寬。收納櫃延伸至拉簾後方），用來收納設計造型的用品和書、雜誌。

at

STORAGE

開放式層架
避免東西埋沒在角落

1造型用器皿容易愈堆愈多，所以江口女士替自己訂了一項規定：東西不能超過自由組合層架／5層／寬版追加用（Ⓒ）1層所能容納的量。搭配2個層架用的ㄇ字型隔板（Ⓔ），上方空間也能得到充分的利用。 **2**用來裝著玻璃器皿的椰纖編長方籃（Ⓕ）大小剛好可以收進ㄇ字型隔板底下，方便拿取。 **3**在朋友家看到後自己也買來用的層架專用書架隔板（Ⓖ）。隔板重量很足，厚重的外文書也能穩固支撐。

※此頁使用的無印良品商品資訊請見p.22～23

CASE 02

江口惠子女士的愛用品

for
WORK

Ⓐ

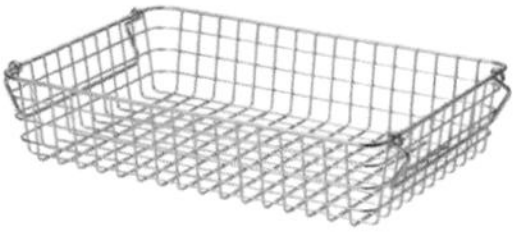

18-8不鏽鋼
收納籃2
（約寬37×深26×高8cm）1,990日圓

Ⓑ

硬質紙箱／抽屜4個
（約寬36×深25.5×高16cm）3,690日圓

Ⓒ

自由組合層架
橡木／3×3
（寬122×深28.5×高121cm）34,900日圓

Ⓓ

橡木組合收納櫃
抽屜／4段
（寬37×深28×高37cm）5,990日圓

Ⓔ

聚丙烯小物收納盒
6層
※抽屜橫放使用。
（約寬11×深24.5×高32cm）2,490日圓

Ⓕ

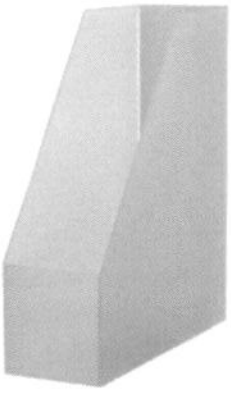

聚丙烯立式
斜口檔案盒／A4
（約寬10×深27.6×高31.8cm）490日圓

Ⓖ

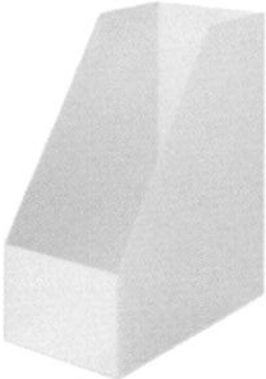

聚丙烯立式
斜口檔案盒
寬／A4
（約寬15×深27.6×高31.8cm）690日圓

Ⓗ

橡木組合收納櫃
抽屜／2段
（寬37×深28×高37cm）4,990日圓

Ⓘ

木製小物收納盒1層
（約寬25.2×深17×高8.4cm）1,990日圓

Ⓙ

聚丙烯檔案盒／
標準型
寬／1/2／白灰
（寬15×深32×高12cm）490日圓

Ⓚ

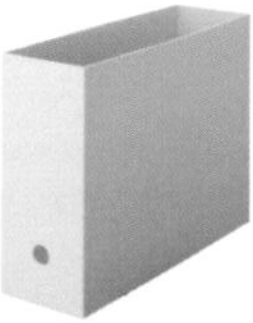

聚丙烯檔案盒／標準型
A4用／白灰
（約寬10×深32×高24cm）490日圓

Ⓛ

聚丙烯檔案盒／
標準型
寬／A4／白灰
（約寬15×深32×高24cm）690日圓

at

STORAGE

Ⓐ

自由組合層架／橡木
5層／基本組
（寬42×深28.5×高200cm）18,900日圓

Ⓑ

自由組合層架／橡木
5層／追加用
（寬40×深28.5×高200cm）16,900日圓

Ⓒ

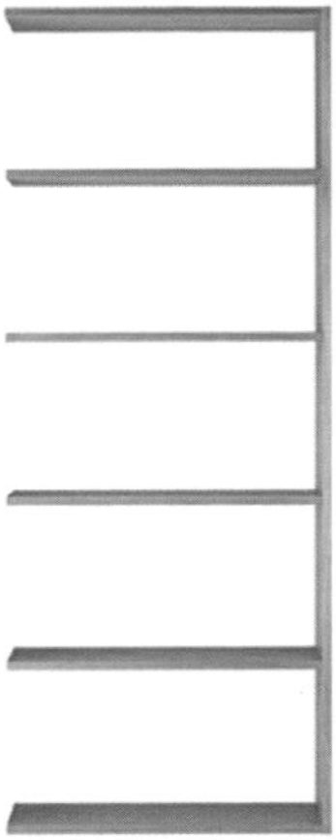

自由組合層架／橡木
5層／寬版追加用
（寬79.5×深28.5×高200cm）22,900日圓

Ⓓ

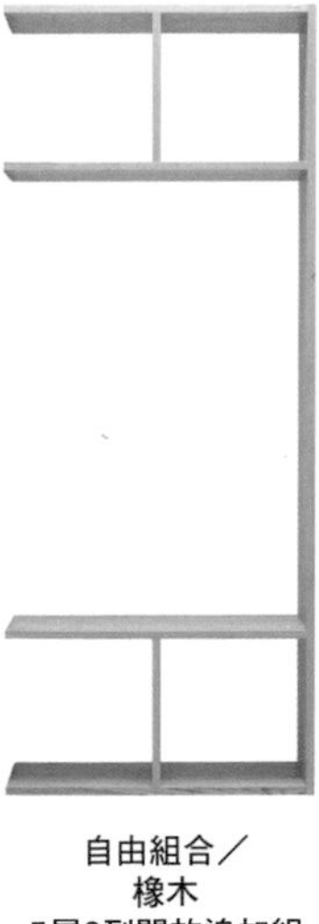

自由組合／
橡木
5層2列開放追加組
（寬80×深28.5×高200cm）24,900日圓

Ⓔ

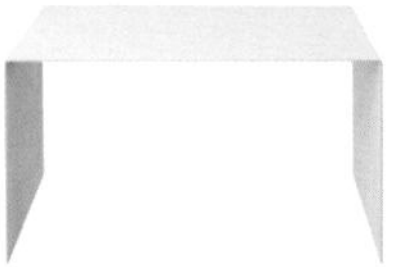

自由組合層架用／ㄇ字板
（寬37.5×深28×高21.5cm）3,490日圓

Ⓕ

椰纖編長方形籃
／中
（約寬37×深26×高16cm）1,190日圓

Ⓖ

自由組合層架／
書架隔板
（寬15.5×深5.5×高21cm）990日圓

CASE 03

第二客廳

無印良品不僅收納效果超群
還能自然融入原有室內裝潢

生活規劃顧問
田中由美子

profile：趁著買房，也考取了生活規劃顧問1級證照。她現在是隸屬於「SMART STORAGE！」的生活規劃顧問，活用自己以前不擅長整理的經驗，協助客人整理收拾居家環境。與丈夫和小學3年級的兒子共組三口小家庭。https://www.cobaccoworks.com

 ※此頁使用的無印良品商品資訊請見p.30～31

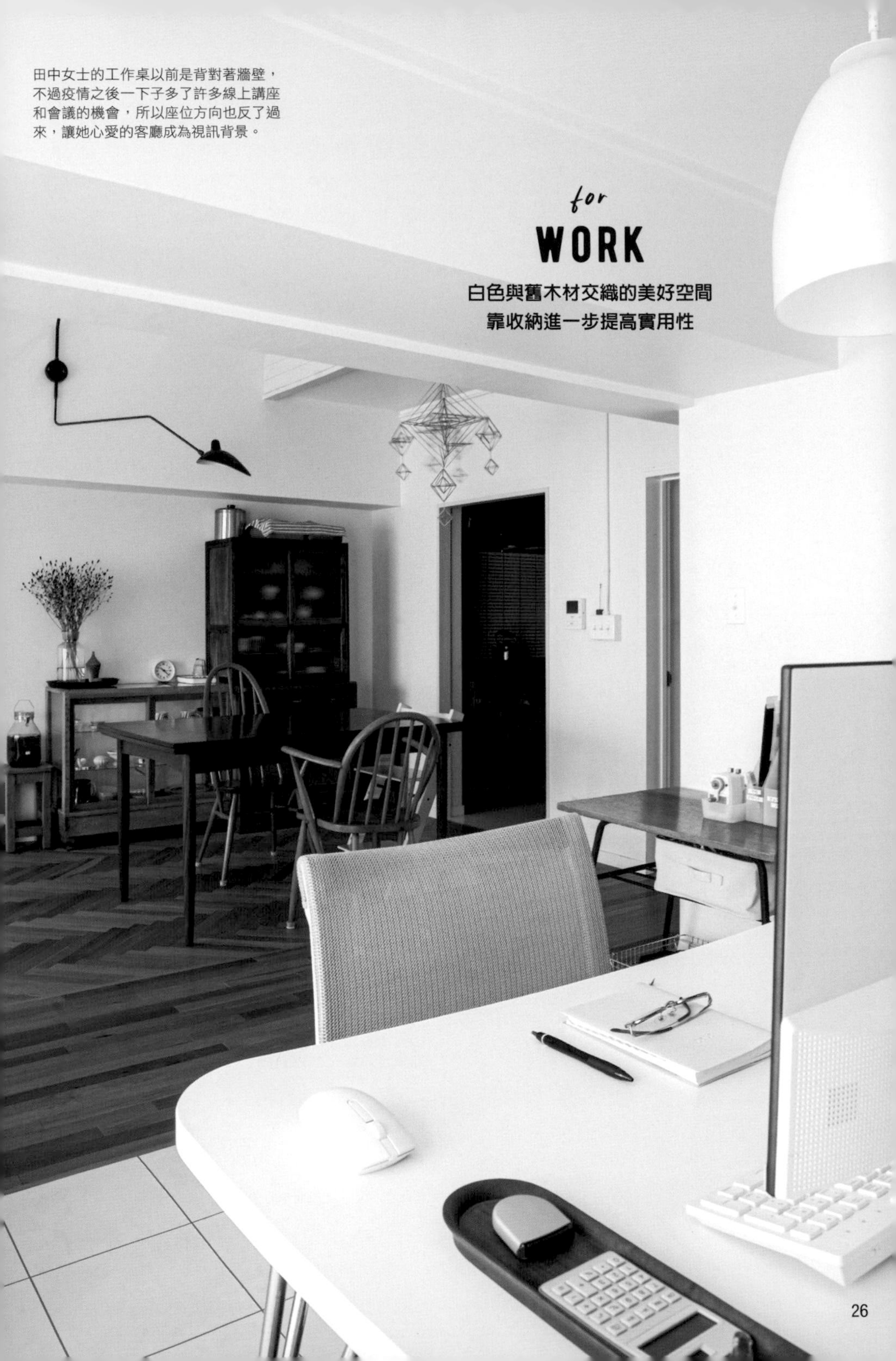

田中女士的工作桌以前是背對著牆壁，不過疫情之後一下子多了許多線上講座和會議的機會，所以座位方向也反了過來，讓她心愛的客廳成為視訊背景。

for WORK

白色與舊木材交織的美好空間
靠收納進一步提高實用性

「安靜低調又勤奮的幫手」輔助我處理日常工作

田中女士是協助顧客整頓收納環境的專業生活規劃顧問，同時也是一名室內裝潢講師。田中家潔白的牆壁與老件家具的風情相映成趣，造型優雅的燈具也很迷人。客廳隔壁一座白瓷磚地板的空間是她和兒子的共同工作區，處處可見標準型檔案盒和立式檔案盒大顯身手。田中女士不僅拿檔案盒整理文件和書籍，還發揮創意用來管理待辦事項或代替垃圾桶，提升空間使用效率。白灰色的款式也能悄悄融入室內裝潢，一點也不礙眼。「無印良品的東西總是能搔到癢處，而且單色調加上樸實的設計也容易結合各種風格的工作區。」

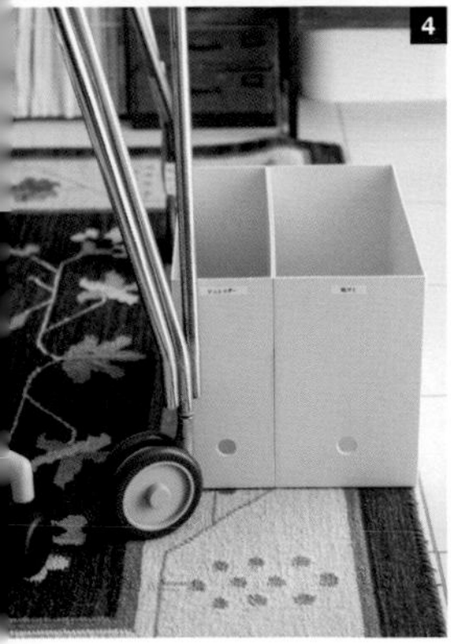

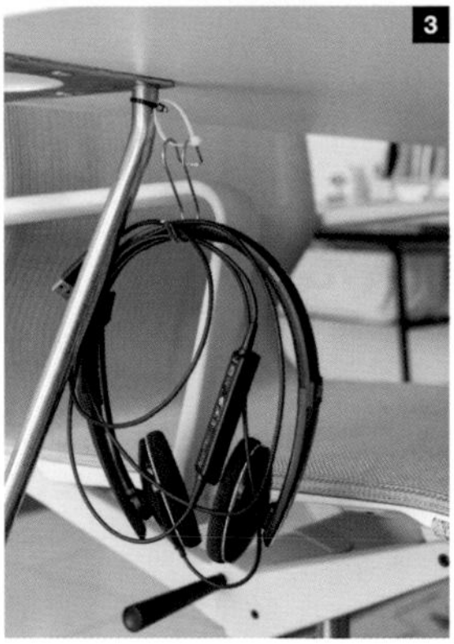

1 Kartell的工作桌搭配Vitra的椅子。 2 常用的東西放在電腦旁邊。計算機（Ⓐ）放在木托盤上。釘書機（Ⓑ）和待辦清單（Ⓒ）等小東西則統一放在棉花棒盒（Ⓓ）裡。 3 桌腳繫上束帶，掛上掛鉤（Ⓔ）放耳機。 4 腳邊的普通尺寸檔案盒（Ⓕ）是要銷毀的文件，較寬尺寸的檔案盒（Ⓖ）則用來裝一般的紙類垃圾。「檔案盒輕便易搬動，丟垃圾時很方便！」

※此頁使用的無印良品商品資訊請見p.30～31

1興趣方面的書籍用立式檔案盒（Ⓐ）分類保管。外面貼的標籤以外觀整潔度為重，盡量縮小尺寸，自己看得見就好。

for

STORAGE

以收納用品和層數區分親子的物品

剛好塞滿整面牆的部份客製化書櫃。下面2層和第3層右邊都放兒子的東西，再上面則是放田中女士的東西。空間分配會隨著孩子成長調整。

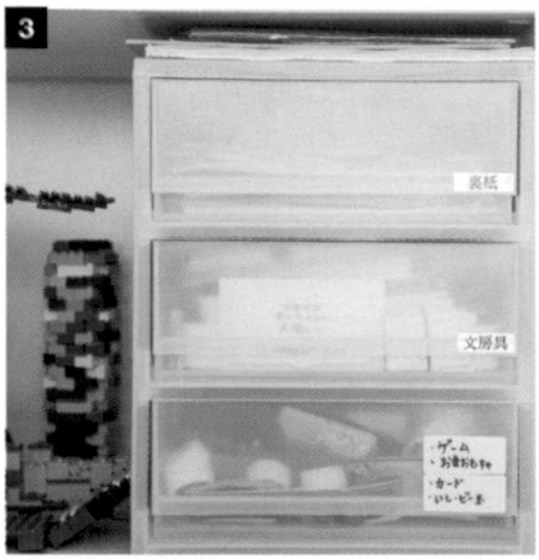

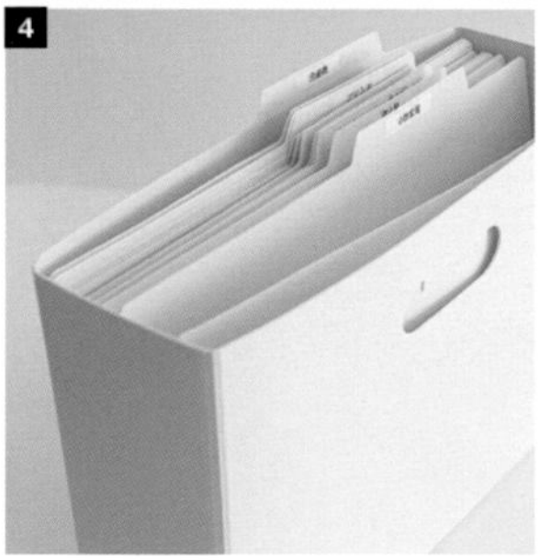

2白灰色的淺型抽屜盒（Ⓑ）裝標籤機和孩子的回憶。 3兒子的東西保管在容易辨識內容物的半透明淺型抽屜盒（Ⓒ）。當孩子學會新的漢字時再用標籤機印製新的標籤換上。 4收納家電説明書的檔案盒（Ⓓ）。「用不到時可以摺起來，不會占空間。」

5

6

5在Found MUJI找到的棉帶紙箱（Ⓔ）。「我原本是看上設計，後來才發現它很實用。就算擺在比較高的地方，只要拉下面這條繩子也能輕鬆拿下來。」 **6**裡面收著雜七雜八的手工藝用品。蓋上蓋子後看起來也很整齊。

8

7

at

CHILD CORNER

用無印良品打造孩子也會的收納機制

7規劃一個區域給孩子做上學前的準備。課本和筆記本收在立式檔案盒（Ⓐ）裡，旁邊的整理盒（Ⓑ）用來放文具和削鉛筆機。 **8**桌面下的架子上有一個軟質收納箱（Ⓒ），地上則放置一個不鏽鋼籃子（Ⓓ）暫時裝學校用的東西。籃子旁邊也準備了一個檔案盒（for WORK・Ⓕ）裝紙類垃圾。

 ※此頁使用的無印良品商品資訊請見p.30～31

CASE 03

田中由美子女士的愛用品

for
WORK

Ⓐ

計算機／8位 銀
（BO-193）990日圓

Ⓑ

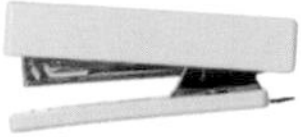

釘書機
290日圓

Ⓒ
短冊便條紙（待辦事項）
（40頁／14行、約8.2×18.5cm）
100日圓

Ⓓ

PP化妝盒
棉棒、急救品
（約寬10.7×深7.2×高7.7cm）120日圓

Ⓔ
掛鉤／防橫搖型／小
（3入、約直徑1×2.5cm）
350日圓

1

2

3

1目前田中女士和兒子共用一張桌，兩個人坐在彼此斜對面。不過隨著孩子長大，也會逐步調整配置和使用方法。**2**老櫥櫃上方擺著白色印表機和立式檔案盒（for STORGE・Ⓐ），兩者擺在一起也很自然。檔案盒裡裝著還沒處理完的工作。 **3**平常立式檔案盒的開口部分會朝外擺放。

at CHILD CORNER

Ⓐ
聚丙烯立式
斜口檔案盒／
A4
（約寬10×深27.6×高31.8cm）490日圓

Ⓑ
PP
整理盒4
（約寬11.5×深34×高5cm）150日圓

Ⓒ

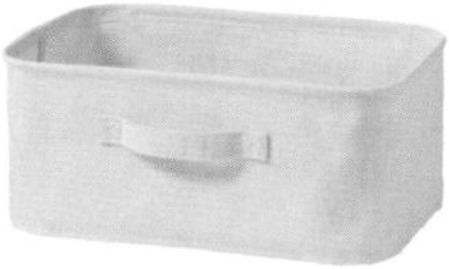

棉麻聚酯收納箱／
長方形／小
（約寬37×深26×高16cm）990日圓

Ⓓ

18-8不鏽鋼
收納籃6
（約寬51×深37×高18cm）3,890日圓

for STORAGE

Ⓒ

PP盒／淺型
（正反疊）
（約寬26×深37×高12cm）890日圓

Ⓓ

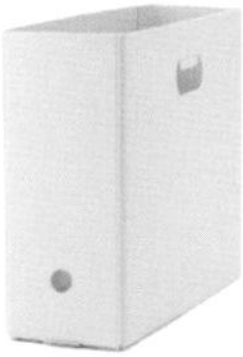

發泡聚丙烯
文件盒
標準／3件組
（約寬10×深32×高24cm）1,290日圓

Ⓔ

棉帶紙盒（縱型）
〈Found MUJI〉
（寬10×深32×高23cm）1,800日圓

Ⓐ

聚丙烯立式
斜口檔案盒
A4／白灰
（約寬10×深27.6×高31.8cm）490日圓

Ⓑ

PP盒／淺型
（正反疊）／白灰
（約寬26×深37×高12cm）890日圓

Ⓕ

聚丙烯檔案盒／
標準型
A4用／白灰
（約寬10×深32×高24cm）490日圓

Ⓖ

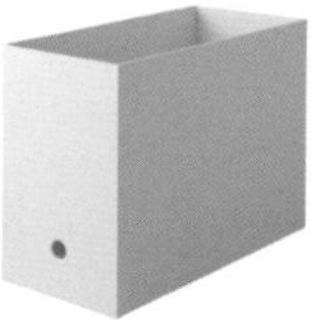

聚丙烯檔案盒／
標準型
寬／A4／白灰
（約寬15×深32×高24cm）690日圓

線上講座時超好用的「三面鏡」！

田中女士經常需要開線上講座或會議，所以桌上一定少不了鏡子。「我很推薦無印良品的可折3面鏡，要用時可以直接立起來，平常還能折起來減少體積。」（田中女士）

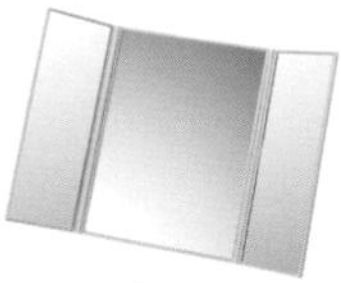

聚苯乙烯可折3面鏡
（15.3×12.2×1.2cm）990日圓

CASE 04

客廳角落

標籤貼好貼滿的主題式收納 先生也一目了然

usuriri

準備幾個暫時置物區 常保整齊乾淨

usuriri女士將鏤空樓梯下方的檯子規劃成工作區。「雖然這裡主要是我在使用，但它本身還是家裡的公共空間，所以收納方式上也有考量到先生方不方便找東西。」她選擇使用的，是她最愛的無印良品收納用具。胡桃木的層架適合家裡原本的裝潢風格；而這裡終究是客廳的一部分，所以她使用白灰色的檔案盒和抽屜盒隱藏內容物。每個盒子、每個抽屜各自對應一個收納主題，並輔以標籤明確標示。至於少數沒貼標籤的部分，usuriri女士說「我會用來放暫時多出來的東西，避免收納用品塞太滿。而且可以等我有空再整理，這樣子也比較輕鬆。」

1水曲柳木材工作檯深達50cm，有充足的空間擺放印表機。印表機旁擺著4層抽屜櫃（Ⓐ）。 2考量到做事動線，上面算起第2層放A4紙。 3最上層放打洞機（Ⓑ）等共用文具。並用托盤分裝不同類別的文具。

profile：在法律事務所兼職的家庭主婦。興趣是書寫、閱讀和園藝。大兒子已經獨立出社會，現在兩夫婦住在3年前改建的房子。以usuriri為暱稱於居家裝潢共享網站「Room Clip」分享各種受歡迎的裝潢範例。（Room No.1125872）

 ※此頁使用的無印良品商品資訊請見p.38～39

❹左右各有一個4層抽屜櫃（Ⓐ），再將DIY時剩下的棚板上漆後架上去。上方高度剛好適合用來放書。 ❺木製收納架（Ⓕ）用來收納平板電腦、聚苯乙烯分隔板（Ⓖ）則剛好可以收納A5大小的筆記本。

❶牆上安裝的3層層架有配合立式檔案盒（Ⓒ・Ⓓ）的尺寸設計深度。沒有貼標籤的檔案盒作為暫時收納文件的地方，等有時間再整理。 ❷檔案盒的開口部分平常朝外擺放，且同樣貼著標籤。所有檔案盒都裝滿時便會整理。 ❸明信片夾（Ⓔ）裡收藏了許多珍藏的明信片。「全部收進抽屜裡太可惜了，我會放在明信片夾裡，不時翻開來欣賞。」

6

要讓開放式層架看起來錯落有致，關鍵在於「留白」。留白的部分不要收納東西，只用來擺放裝飾品享受季節風情。

7

10

9

8

for

WORK

「看得見」與「看不見」的絕佳平衡

7工作檯左下方剛好可以擺滿一排檔案盒（Ⓗ・Ⓘ・Ⓙ），看起來相當舒服。**8**附手把檔案盒（Ⓗ）用來裝收據。手把增加了搬運的便利性，有空時再拿出來輸入記帳APP。下層較寬的檔案盒（Ⓙ）則收著裝潢用品的型錄等書冊，但沒有塞得太滿。 **9**使用說明書則放在個別檔案夾（Ⓚ）分類管理。 **10**貼著「ADDRESS」標籤的檔案盒（Ⓘ）裡面放了明信片夾（Ⓛ），專門用來分類保管賀年卡。

 ※此頁使用的無印良品商品資訊請見p.38～39

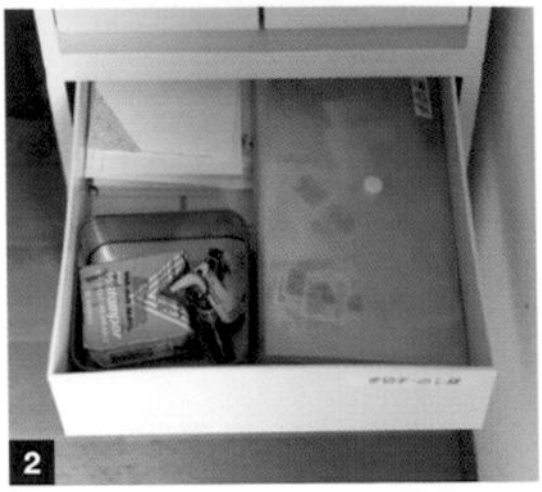

1檯子下方有3個裝輪子的組合PP盒（Ⓜ）。 右邊收納箱上面算起第2層的2格深型PP資料盒（Ⓝ）用來放乾電池。 **2**上面數下來第3層的淺型PP資料盒（Ⓞ）用來收納郵票和紅包袋。

將工作區設置在客廳邊的樓梯下方，充分運用邊角空間，也不會破壞客廳沉穩的氛圍。

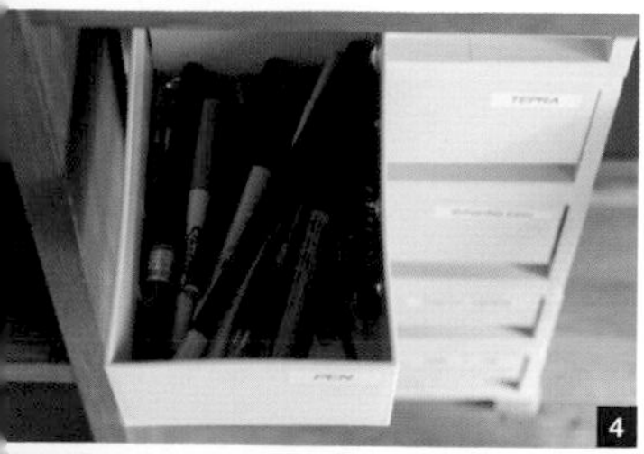

❸中央的附輪收納盒底層是深型PP資料盒（Ⓟ），用來暫時收放「雜七雜八的小物」，例如備用錢包。

不想囤太多東西 所以靠無印良品隨機應變

無印良品的收納用品是這座清新優美工作區的主角，不僅外型俐落、使用方便，還有許多吸引人的優點。「以前我先生時不時就要到國外工作，所以整家人常常搬來搬去的，每次住的房子格局都不一樣。所以我們也養成一種習慣，買家用品時會盡量選擇用途多元、有變化彈性的東西。無印良品的收納用品正滿足了我理想中的收納方式。」假設客廳旁邊的檯子不當工作桌使用，改成視聽區，也只需要調整現有收納用品的擺放方式或使用位置，物品本身可以長久使用。usuriri女士的做法非常適合家中需要暫時工作區的人。

❹usuriri女士習慣的座位左邊也有一個組裝起來的附輪收納盒。最上層的2格式抽屜盒（Ⓠ）以粗略的方式收納文具。 ❺第2層為淺型PP資料盒（Ⓞ），擺放標籤機和標籤帶。 ❻第3層的標籤寫著「information」，用來暫時放置明信片和小冊子。 ❼最下層為薄型PP資料盒（Ⓡ）用來收納印表機的墨水匣和隨身碟等零星儲存裝置。

※此頁使用的無印良品商品資訊請見p.38～39

CASE 04

usuriri女士的愛用品

for WORK

Ⓐ

胡桃木組合收納櫃
抽屜／4段
（寬37×深28×高37cm）6,990日圓

Ⓑ

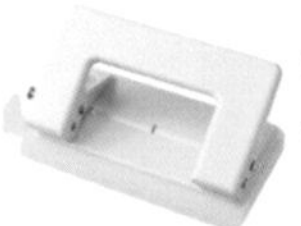

鋼製2孔打洞機
（側邊附伸縮測量尺）
390日圓

Ⓒ

聚丙烯立式
斜口檔案盒
A4／白灰
（約寬10×深27.6×高31.8cm）
490日圓

Ⓓ

聚丙烯立式
斜口檔案盒
寬／A4／白灰
（約寬15×深27.6×高31.8cm）
690日圓

Ⓔ

聚丙烯照片、
明信片夾
（A4用、80口袋）
290日圓

Ⓕ

木製收納架／
A5尺寸
（約寬8.4×深17×高25.2cm）1,490日圓

1

at STORAGE

用DIY環保收納櫃
打造大型收納櫃

2

3

4

1 樓梯上方的閣樓將DIY組合櫃（Ⓐ・Ⓑ）並排成一個超大型收納櫃。 **2** 25cm寬的檔案盒（Ⓒ）蓋上蓋子（Ⓓ），用來收納手工飾品的材料。 **3**（Ⓒ・Ⓓ）的組合很適合用來收納漫畫等包裝鮮艷的東西，維持視覺的乾淨度。 **4** 將照片貼在紙張上，並用透明資料夾（Ⓔ）管理。

at
STORAGE

Ⓐ
DIY環保收納櫃 A4／3層
（寬37.5×深29×高109cm）
3,490日圓

Ⓑ
DIY環保收納櫃 A4／2層
（寬37.5×深29×高73cm）
2,490日圓

Ⓒ

聚丙烯檔案盒／標準型 寬25CM／白灰
（約深32×高24cm）990日圓

Ⓓ

聚丙烯檔案盒用蓋（可裝置輪子）寬25cm用／白灰
490日圓

Ⓔ

PP軟質內頁透明資料夾
（A4／40口袋）450日圓

Ⓜ
PP組合箱用輪子
（4入）390日圓

Ⓝ

PP盒／深型／2格 附隔板（正反疊）／白灰
（約寬26×深37×高17.5cm）1,490日圓

Ⓞ

PP盒／淺型（正反疊）／白灰
（約寬26×深37×高12cm）890日圓

Ⓟ

PP盒／深型（正反疊）／白灰
（約寬26×深37×高17.5cm）990日圓

Ⓠ

PP盒／淺型／2格 附隔板（正反疊）／白灰
（約寬26×深37×高12cm）1,190日圓

Ⓡ

PP盒／薄型（正反疊）／白灰
（約寬26×深37×高9cm）790日圓

Ⓖ
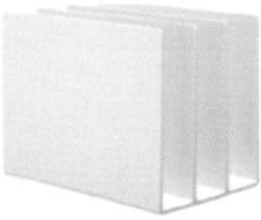

聚苯乙烯分隔板 白灰
（3分隔／小、約21×13.5×16cm）690日圓

Ⓗ

聚丙烯附手把檔案盒 標準型／白灰
（約寬10×深32×高28.5cm）990日圓

Ⓘ

聚丙烯檔案盒／標準型 A4用／白灰
（約寬10×深32×高24cm）490日圓

Ⓙ

聚丙烯檔案盒／標準型 寬／A4／白灰
（約寬15×深32×高24cm）690日圓

Ⓚ
發泡聚丙烯 個別檔案夾
（A4、4入、白灰）
490日圓

Ⓛ
聚丙烯照片、明信片夾
（60袋）150日圓

CASE 05

家中房間就是工作室

透明可見的收納方式可以激發創作靈感

刺繡師
千葉美波子

profile：經營刺繡品牌「黑山羊白山羊」，除了自己開發刺繡商品，也經常替廣告、電視設計刺繡作品。此外她還是一名設計英文字母的字體創作者。不時開辦刺繡教室與工作坊，也曾在「無印良品 銀座」舉辦過工作坊。https://kuroyagishiroyagi.com

※此頁使用的無印良品商品資訊請見p.47

每一排堆疊2個5層橫型壓克力盒（Ⓐ），總共使用6個壓克力盒來收納DMC繡線。「無印良品的壓克力盒比手工藝品廠牌製作的專用收納盒更小巧，還可以依自己喜歡的顏色規劃收納位置。」

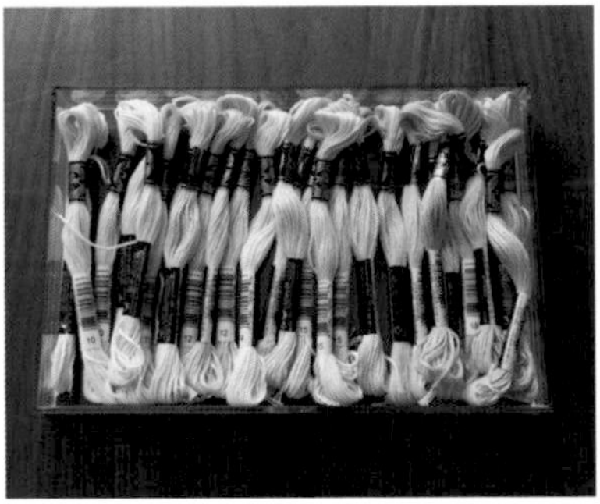

5層橫型壓克力盒（Ⓐ）的抽屜剛好吻合25號繡線的長度。每個抽屜裡都運用色彩漸層的概念收放8種顏色的線。

for

SEWING-1

在工作室大顯身手的透明＆半透明收納！

靠清楚明白的收納徹底發揮材料特色

唯妙唯肖的動物與恐龍、造型千變萬化的英文字母……千葉女士的刺繡作品都是那麼引人入勝。她家中三坪左右的小小工作室裡，擺著林林總總的繡線、布料和手工藝材料。收納這些東西時，無印良品的壓克力與PP等透明材質收納用品發揮了莫大的功效。「我喜歡直覺一點的收納方式，這樣也方便工作人員和刺繡教室的學生找需要的東西。」千葉女士也說，看不見的收納無法激發她的創作靈感。「透明收納的好處就在於能刺激我發現『哪些材料搭配起來好像很棒』或『哪個顏色很美』。」

1正在刺繡作品的千葉女士。繡線平常會綁成三股辮的形式避免纏成一團，要用的時候將整個抽屜拿到工作桌上。工作室裡平常會有3位員工進出，偶爾也會舉辦刺繡教室。 2工作室高處掛著許多刺繡框和千葉女士設計的裝飾花紋，相當有個人品味。 3運用刺繡框的貓咪作品，屬於較大型的刺繡圖案。「刺繡與手紙　黑山羊白山羊」的網路商店即可買到千葉女士的作品。

4特殊材質的線和小東西也用5層橫型壓克力盒（Ⓐ）收納。 5上層抽屜內的花蕊用來當作蝴蝶的觸角。右邊那盒放的是釣魚線和羊毛繡線，左邊那盒放的是手工刺繡用的金蔥線。採用透明的收納方式，每種材料的質感都能一覽無遺。

LED桌燈（Ⓑ）是可以夾在桌邊的類型。「它的好處是可以自由調整照明角度，所以可以照亮整張桌子。」

 ※此頁使用的無印良品商品資訊請見p.47

千葉女士在構思草稿時會查閱各領域的資料。「3×1cm的小便條紙（Ⓗ）夾在書裡很方便。」

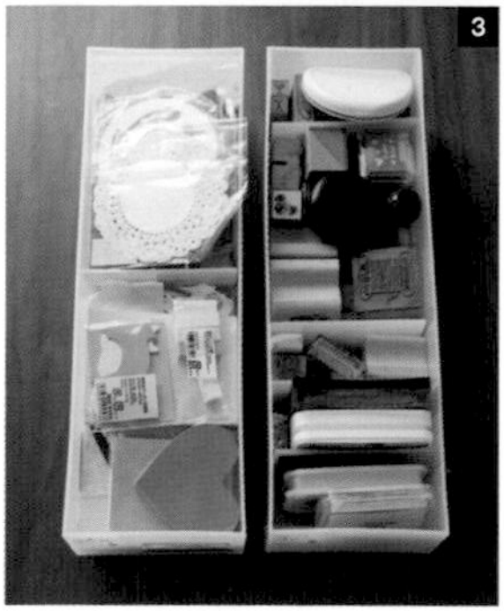

繡線收納櫃的下層將各種抽屜式PP盒組合起來使用，有薄型（Ⓒ）、淺型（Ⓓ）、淺型2格（Ⓔ）、深型（Ⓕ），分類保管手工藝用品和材料。 **1**用手寫紙膠帶（Ⓖ）標明內容物，並貼上有色的圓點貼紙、標上編號管理。「紙膠帶是白色的，而且本身就有裁線，需要標籤時馬上就能做出來。」而綠色的圓點貼紙代表手工藝工具、黃色代表文具、紅色代表布料。 **2**薄型（Ⓒ）裡放著手工藝用品。 **3**淺型2格（Ⓔ）裡放印章、紙類、便條紙（Ⓗ・Ⓘ）。

千葉女士的愛貓波麗絲（4歲女孩）。波麗絲也經常窩在工作室裡陪千葉女士做事。

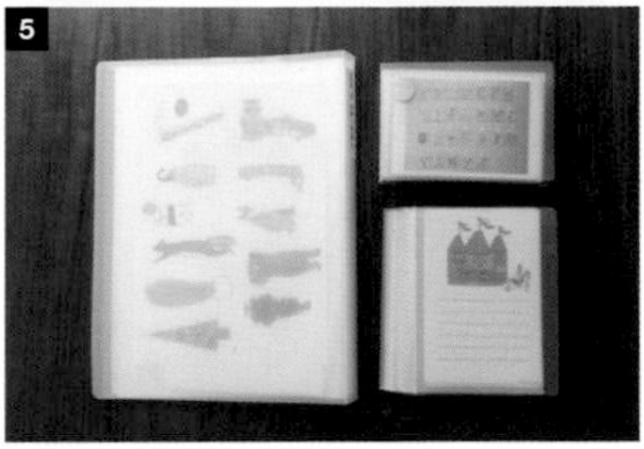

4將PP盒的抽屜整個拉出來拿到工作桌上。5PP透明資料夾（Ⓙ）用來保管原畫，相簿（Ⓚ）用來收藏個展作品的照片，明信片夾（Ⓛ）則用來收藏過去網路商店販賣的明信片。

6深型且附輪子的4層PP收納箱（Ⓜ）上面再加一個淺型PP盒（Ⓓ）。這2組收納盒主要是用來保管布料。「深型收納箱的深度剛好很適合收放布料。」 7在6的頂部放一塊平坦的燙衣板，需要熨燙布料時也可以在這邊處理。

 ※此頁使用的無印良品商品資訊請見p.47

1鋼製小層架黏上鋁製掛鉤（Ⓐ）可以用來裝飾小型作品。 2用磁鐵夾（Ⓑ）夾起待辦清單（Ⓒ），時時提醒自己。 3p.40～41照片對面的工作桌周邊。牆上掛著作品，窗台的小鋼架上面也放著材料。窗戶高處的橫桿上也吊著一些籃子和包包。 4牆面棚架上的壓克力盒（for SWEING-1・Ⓐ）裡收納COSMO 25號繡線。

for SEWING-2

體積大&脆弱的物品
採吊掛式收納

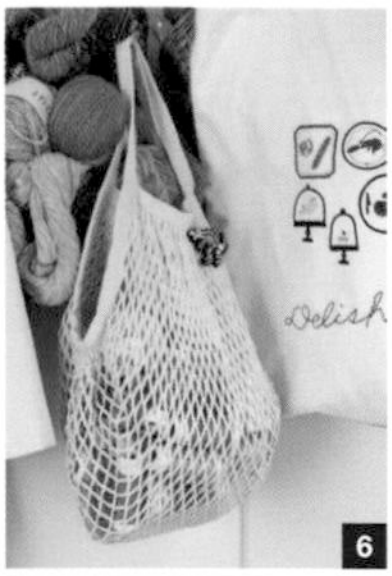

5系統櫥櫃門上的掛鉤（Ⓓ・Ⓔ）吊著大大小小的包包。「碎布之類占空間或不耐磨擦的材料，放在抽屜裡比較難保存。裝在包包裡吊起來就輕鬆多了。」 6棉質收納網袋（Ⓕ）裡面裝著一些特殊的線。網狀設計也方便我看出每種線的顏色。 7手提袋（Ⓖ）上繡著各種蔬菜造型的英文字母。這是千葉女士以前應邀於無印良品舉辦工作坊時的作品。

CASE 05

千葉美波子女士的愛用品

for SEWING-1

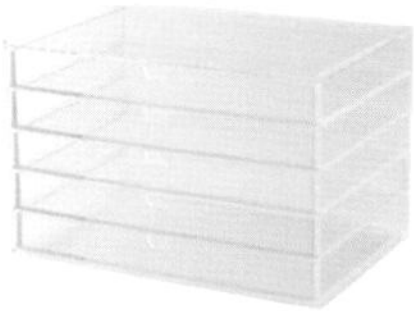

Ⓐ 壓克力盒／橫型／5層
（約寬25.5×深17×高16cm）
3,490日圓

Ⓑ LED細頸桌燈／附固定夾
（SND-25C）
3,990日圓

Ⓒ PP盒／薄型（正反疊）
（約寬26×深37×高9cm）790日圓

Ⓓ PP盒／淺型（正反疊）
（約寬26×深37×高12cm）890日圓

Ⓔ PP盒／淺型／2格附隔板（正反疊）
（約寬26×深37×高12cm）1,190日圓

Ⓕ PP盒／深型（正反疊）
（約寬26×深37×高17.5cm）990日圓

Ⓖ 附裁線紙膠帶
（空白／寬30cm／全長9m／裁線間距約3cm）
290日圓

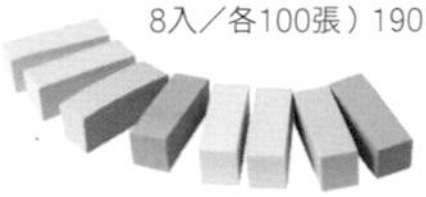

Ⓗ 植林木便利貼
（30×10mm／4色／8入／各100張）190日圓

Ⓘ 植林木動物便利貼
（貓3種／各20張）
350日圓

Ⓙ PP軟質內頁透明資料夾
（A4／40口袋）
450日圓

Ⓚ PP高透明相本
（3×5吋／20張用）150日圓

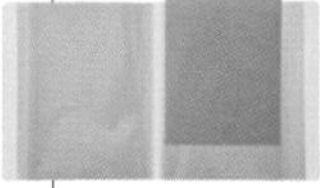

Ⓛ 聚丙烯照片、明信片夾
（60袋）150日圓

Ⓜ PP組合箱／4段深型／附輪子
（約寬26×深37×高70cm）3,690日圓
※網路商店限定

for SEWING-2

Ⓐ 鋁製掛鉤磁鐵式／小
（3入、約寬3.5×高5cm）390日圓

Ⓑ 磁鐵夾
（約直徑4cm）
290日圓

Ⓒ 短冊便條紙（待辦事項）
（40頁／14行、約8.2×18.5cm）
100日圓

Ⓓ 不鏽鋼掛鉤／門用
（約寬3.5×深6×高6cm）190日圓

Ⓔ 掛鉤／防橫搖型／小
（3入、約直徑1×2.5cm）350日圓

Ⓕ 收納網袋
（約寬37×長33cm）
690日圓

Ⓖ 有機棉布製購物袋生成B5
（原色）150日圓

CASE 06

客廳各處

依當天心情改變工作區
提升在家工作的幹勁

選物顧問

mujikko

" work space 1 "

at

SHELF & CABINET

想要專心做事時「站著」最有效！

profile：一名「無印控」。她經常在部落格「良品生活」上分享各種無印良品產品的實測心得，深受許多網友喜愛。最近也創立YouTube頻道「良品生活Channel」。本身也是位知名整理收納顧問。家族成員有先生、小學6年級的兒子、3年級的女兒。http://ryouhinseikatu.com

1 櫥櫃和組合層架（Ⓐ）上方的平台原本都用來擺放裝飾品，現在其中一部分成了工作區。 **2** 附手機架的捲線收納盒（Ⓑ）「只要捲一捲就能輕鬆整理好電線」，也能避免工作區的電線亂成一團。 **3** 對於身高不到160cm的mujikko女士來説，櫥櫃與層架上再擺一個14cm高的ㄇ字板，高度剛好適合用電腦，不必過度低頭。

2

3

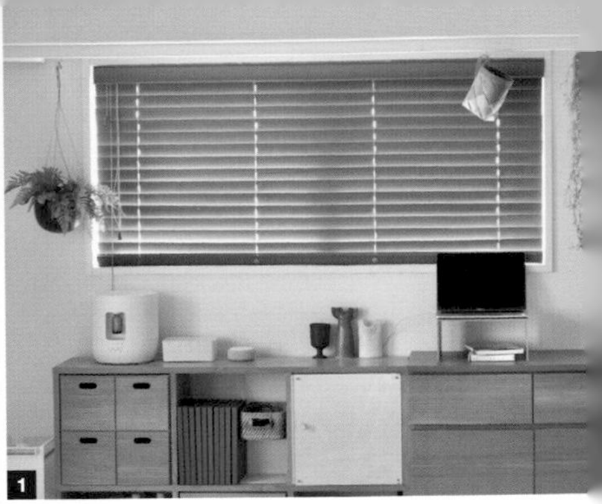
1

東西集中放在收納櫃 打造「自由辦公空間」

在家工作最大的問題就是注意力很難集中。「家裡有太多誘惑了。我最常在廚房邊的餐桌工作，但關鍵時刻或想要驅趕睡意時，我就會站著工作。」mujikko女士說。她會將電腦放在客廳的櫥櫃與層架上，這也是時下流行的站立工作型態。她用平板閱讀資料或電子書時，腳下還會踩踩踏步機。「這張摺疊式松木桌是我趁女兒上小學時買來自己用的。桌子打開時不會搖晃，而且方便搬動，所以現在反而都被女兒和先生從事興趣時搶去用了（笑）。好在客廳收納櫃裡收著所有工作所需的東西，所以我無論走到客廳哪個角落都能夠工作。」

"work space 2"
at
DINING TABLE

"work space 3"
at
FOLDING TABLE

 ※此頁使用的無印良品商品資訊請見p.53

餐桌是mujikko女士主要的工作區。橡木椅（Ⓐ）和木餐桌（Ⓑ）後面有個壁櫥式收納櫃，轉個身就能拿到東西。

// work space 2 //
at

DINING TABLE

明確劃分物品收放位置
提高工作效率的收納櫃

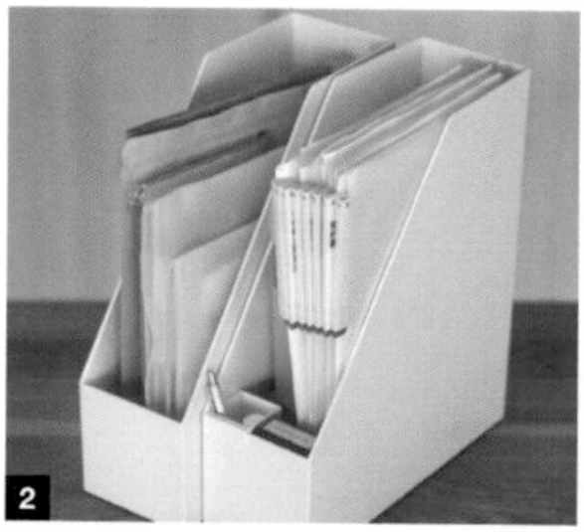

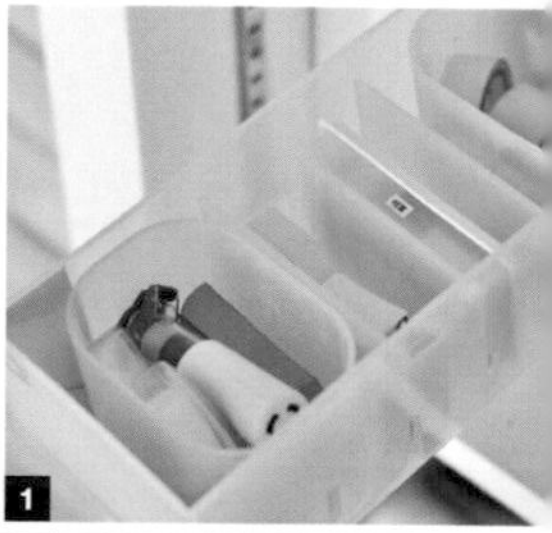

1 文具類收在6格的淺型PP盒（Ⓒ），並以化妝盒（Ⓓ）代替隔板，搭配適合收納小東西的PP卡片收納盒（Ⓔ），就能把抽屜內的空間劃分得恰到好處。抽屜正面再塞入裁切過的寬26cm用PP盒用索引片（Ⓕ）。 **2** 立式檔案盒（Ⓖ）專門放重要工作文件，並掛上檔案盒用筆盒（Ⓗ）放一枝筆備用。EVA夾鍊收納袋（Ⓘ・Ⓙ）裡面收著紅包袋和貼紙。 **3** 2層的薄型PP盒（Ⓚ）用來收納紙膠帶，圖案也能看得一清二楚。前端搭配使用抽屜整理盒4（Ⓛ）和抽屜整理盒3（Ⓜ）各1個，劃分內部空間。

在孩子的房間

4松木摺疊桌（Ⓐ）一定要搭配小巧的桌燈（Ⓑ）。為了方便孩子使用，我準備了桌上型掃帚（Ⓒ），文具收納的部分則使用「可堆疊壓克力盒」系列的桌上型大壓克力盒（Ⓓ）和桌上型間隔板（Ⓔ）、卡片盒（Ⓕ），且全部用桌上型用托盤（Ⓖ）裝在一塊。剪刀（Ⓗ）和膠台（Ⓘ）的造型也很簡約。

// work space 3 at //

FOLDING TABLE

全家人都愛用的
高品質摺疊桌

在客廳

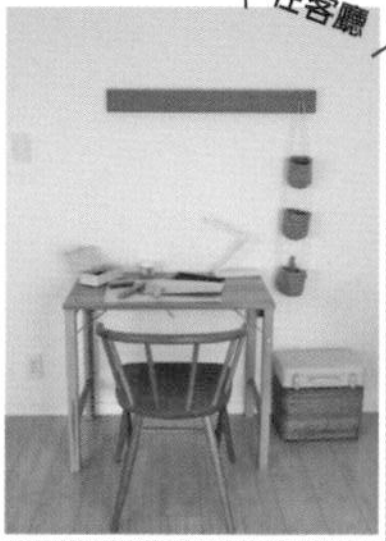

5客廳某面牆上裝設一座長押（Ⓐ），松木摺疊桌（Ⓑ）和桌燈（Ⓙ）就靠著這面牆。長押上用掛鉤（Ⓚ）吊起一串3個的盆栽套（Ⓛ），專門用來放愛犬的用品。「不織布很容易被其他東西勾到，所以我會在盆栽套裡面放一個整理盒1（Ⓜ）」。 **6**先生玩手工皮件的工具一律收進鋼製工具箱（Ⓝ・Ⓞ），整齊有序。工具箱平常放在mujikko女士收納塑身器材的藤編籃（Ⓟ・Ⓠ）上面。

※此頁使用的無印良品商品資訊請見p.53

CASE 06

mujikko女士的愛用品

work space1 at SHELF & CABINET

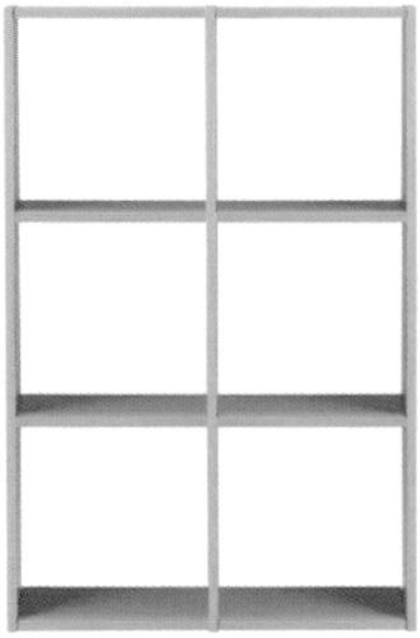

Ⓐ
自由組合層架／橡木／3×2
（寬82×深28.5×高121cm）24,900日圓

Ⓑ
聚丙烯捲線收納盒
（附立架／方型）
190日圓

Ⓒ
PP盒／淺型／6格 附隔板（正反疊）
（約寬26×深37×高32.5cm）
2,990日圓

Ⓓ

PP化妝盒 棉棒、急救品
（約10.7×7.2×7.7cm）120日圓

Ⓔ

PP卡片收納盒 10張用
（約寬10.5×深7×高2cm）150日圓

Ⓕ

PP盒用索引片 寬26cm用／4片入
290日圓　※網路商店限定

Ⓖ
聚丙烯立式斜口檔案盒 A4／白灰
（約寬10×深27.6×高31.8cm）490日圓

Ⓗ
聚丙烯檔案盒用（筆盒）
（約寬4×深4×高10cm）150日圓

Ⓘ

EVA夾鍊收納袋 A5
100日圓

Ⓙ

EVA夾鍊收納袋 A4
150日圓

Ⓚ
PP盒／薄型 2段（正反疊）
（約寬26×深37×高16.5cm）
1,190日圓

Ⓛ
PP抽屜整理盒（4）
（約寬13.4×深20×高4cm）
190日圓

Ⓜ
PP抽屜整理盒（3）
（約寬6.7×深20×高4cm）150日圓

work space2 at DINING TABLE

Ⓐ

橡木椅／圓腳
（寬55.5×深50.5×高73cm）
38,000日圓

Ⓑ

木製餐桌／附抽屜 橡木／寬140cm
（寬140×深80×高72cm）
54,900日圓
※mujikko女士使用的是無抽屜的舊款商品（已停售）。

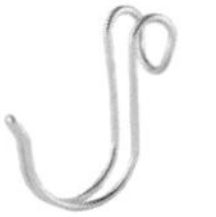

Ⓛ
掛鉤／防橫搖型／小
（3入、約直徑1×2.5cm）350日圓

Ⓜ
PP整理盒1
（約寬8.5×深8.5×高5cm）80日圓

Ⓝ

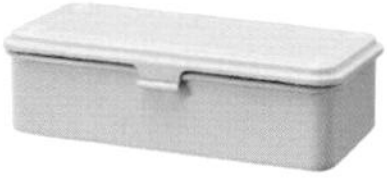

鋼製工具箱／1
（約寬20×深11×高6cm）1,190日圓

Ⓞ

鋼製工具箱／3
（約寬38×深23×高10cm）2,890日圓

Ⓟ

可堆疊藤編長方形籃／大
（約寬36×深26×高24cm）2,990日圓

Ⓠ

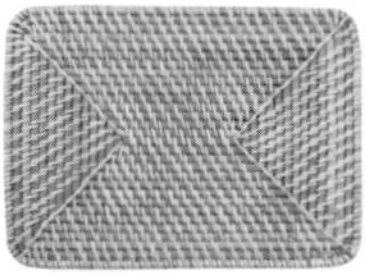

可堆疊藤編／長方形用蓋
（約寬36×深26×高3cm）790日圓

Ⓕ

可堆疊壓克力卡片盒桌上型
（約寬10×深8.4×高4.5cm）250日圓

Ⓖ

可堆疊壓克力盒桌上型用托盤
（約寬25.9×深9.1×高1.3cm）190日圓

Ⓗ
不鏽鋼剪刀
（全長約15.5cm、透明）190日圓

Ⓘ

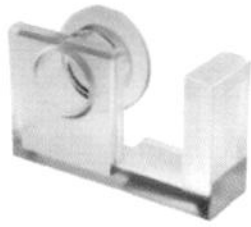

壓克力膠帶台／小
（小捲膠帶用膠台）120日圓

Ⓙ

壁掛家具長押88cm／橡木
（寬88×深4×高9cm）2,990日圓

Ⓚ

可吊掛盆栽套3連／不織布
（MJ-PC 4）1,690日圓

work space3 at FOLDING TABLE

Ⓐ

松木桌／可摺疊
（寬80×深50×高70cm）5,990日圓

Ⓑ

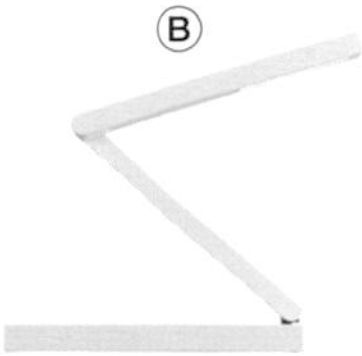

LED摺疊攜帶燈
（LE-R3150）5,890日圓

Ⓒ
桌上型掃帚（附畚箕）
（約寬16×深4×高17cm）390日圓

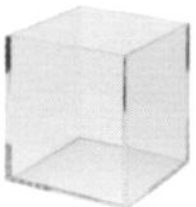

Ⓓ
可堆疊壓克力盒桌上型／大
（約寬8.4×深8.4×高9cm）350日圓

Ⓔ

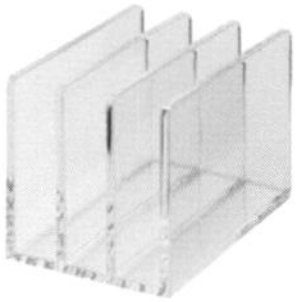

可堆疊壓克力盒桌上型／間隔板
（約寬5.8×深8.4×高5.7cm）250日圓

CASE 07

客廳角落

目標是打造出兩夫婦都舒適的工作環境

整理收納顧問／
住宅收納專家
能登屋英里

profile：多年來負責設計過許多服飾店的店面陳列，現在她將這些經驗應用在整理收納顧問、住宅收納專家的工作上，提供實用與美觀兼具的收納與裝潢諮詢服務和學辦講座，也於雜誌上撰稿。家庭成員有先生和一名還在讀幼稚園的女兒。https://instagram.com/einyyy_interior

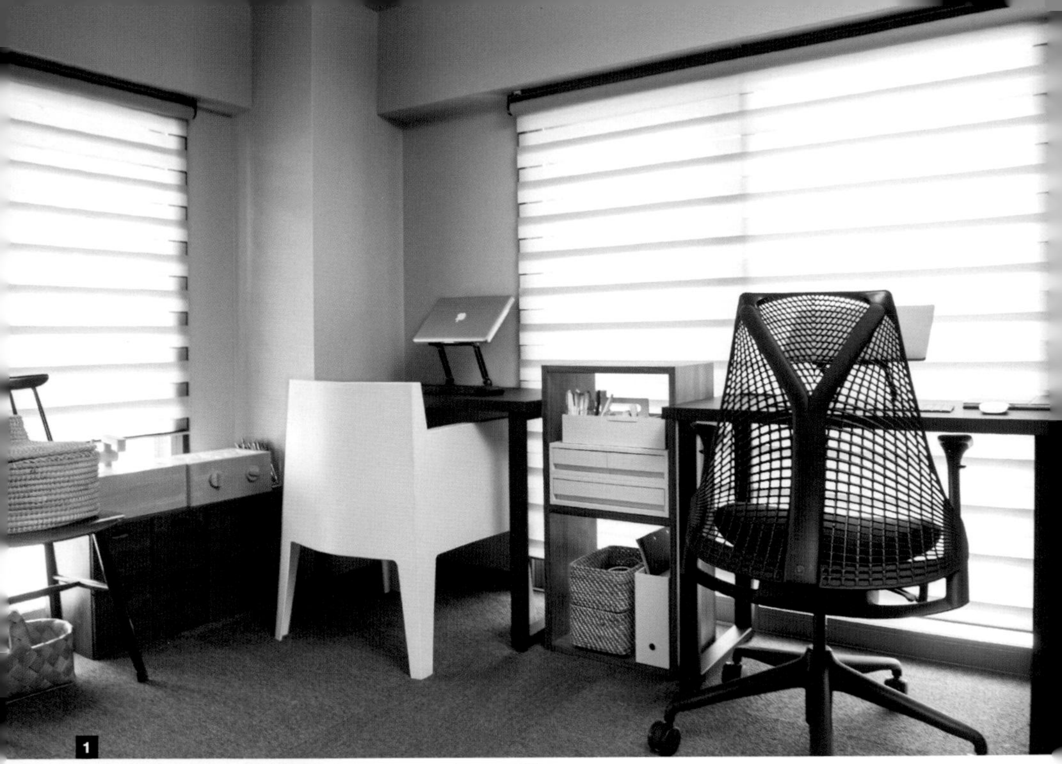

for

WORK

只留必要的物品
打造精實空間

■1自由組合層架（Ⓐ）左右分別是先生和能登屋女士的工作桌。Herman Miller的椅子是新買的。　■2工作區對面的自由組合層架（Ⓑ）用來整理孩子的東西。「改變層架組合方式就能夠變換用途，所以我也多買了幾個用在其他地方。」

安插一個小小的層架就能隔出適度的距離

受到新冠肺炎疫情的影響，能登屋女士現在更常在家線上辦公，就連原本在公司上班的先生也都改成在家上班了。所以她在客廳規劃出一塊兩人共用的工作區。工作區只擺需要的東西，而且特別重視無紙化，因此面積雖小，功能卻很齊全。能登屋女士在兩張桌子之間放了一座她相當喜歡的胡桃木組合層架。「兩張桌子原本是並在一起的，但後來發現有一方要開線上會議時，另一方就很難靜下心來做事……加上我也想要一個放東西的地方，擺了層架之後發現這給了彼此一個緩衝，也提升了專注力。」如今工作區的機能也愈來愈完善，還多了一些新的燈具。「但我還是希望東西能少則少，盡量靈活運用原有的東西。」

※此頁使用的無印良品商品資訊請見p.59

為方便工作，特別訂製了霧面黑桌面、鋼製桌腳、橫90×深50cm的桌子。桌上常駐的東西只有筆記型電腦、平板電腦、鍵盤、滑鼠。

兩人的工作用品就只有兩桌中央層架（Ⓐ）上的這些。白灰色調的收納用品（Ⓒ・Ⓓ・Ⓔ・Ⓕ）和藤編籃（Ⓖ）搭配使用，就能簡單隱藏雜亂感。

1PP手提收納盒（Ⓒ）用來裝文具。原子筆（Ⓗ）則先用一個壓克力筆架（Ⓘ）裝著再放進收納盒，若需要在其他地方用筆時就不必整盒提著走。此外也搭配隔間小物盒（Ⓙ）收納膠水（Ⓚ）等文具用品，以免東歪西倒。 **2**2格抽屜的橫式薄型PP資料盒（Ⓓ）一邊放線材，另一邊則暫時保管能登屋女士工作上的收據。 **3**2底下的橫式薄型PP資料盒（Ⓔ）則收著和孩子有關的文件和通知單。 **4**每天記錄用的筆記本、工作用的文件和文件夾板全都裝在檔案盒（Ⓕ）裡。

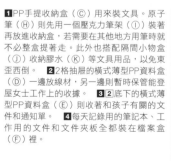

玄關附近的訂製收納櫃。訂做時特別配合了無印良品收納用品的規格。

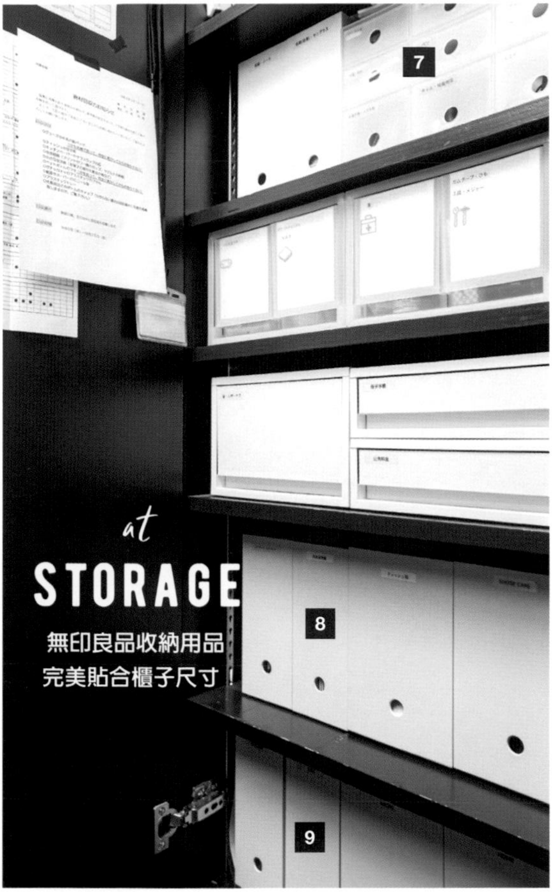
7
8
9
at
STORAGE
無印良品收納用品
完美貼合櫃子尺寸！

工作時肩並肩
擺在層架上！
5

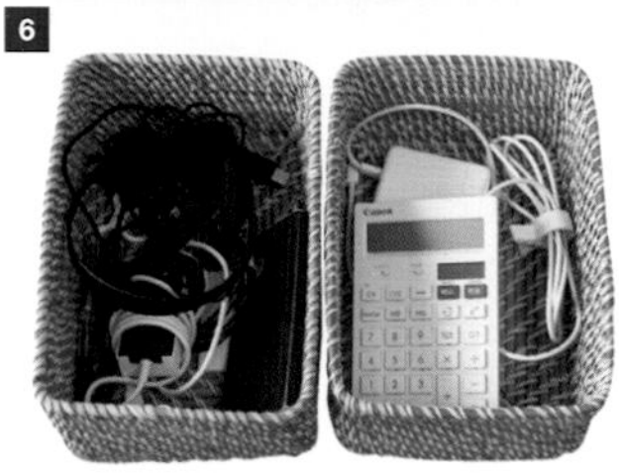
6

5夫妻各有一個小籐編籃（Ⓖ），平常堆疊收在層架下層，工作時再拿到層架上面以便隨時取用裡面的東西。　**6**籃子裡隨意放著彼此工作上常用的東西，例如充電線和耳機麥克風、記事本、少量的筆記用品。

9

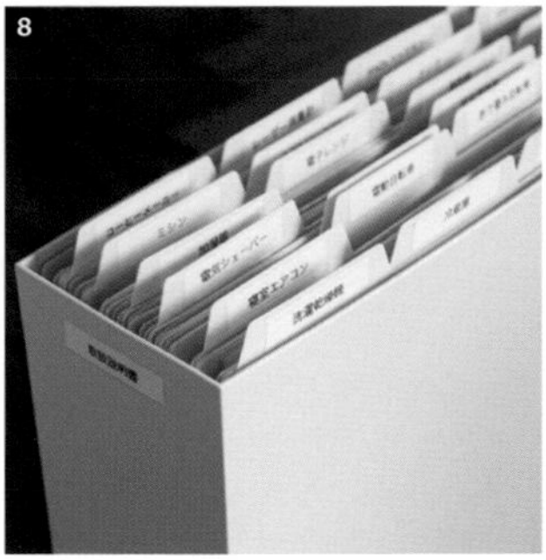
8

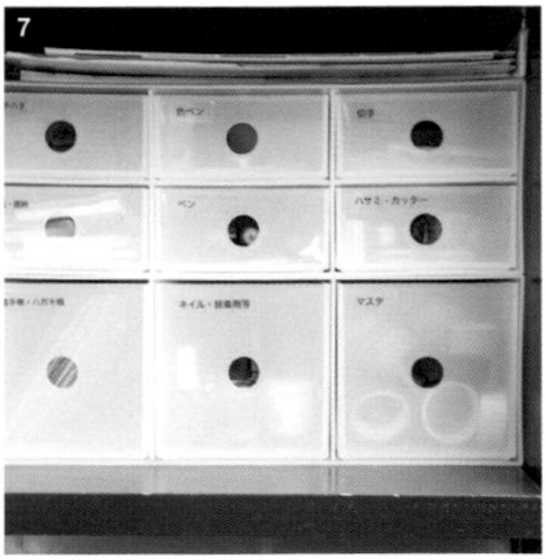
7

76層小物收納盒（Ⓐ）和3層小物收納盒（Ⓑ）皆改為橫向使用，收納文具的備用品。　**8**專門保管各種使用説明書的檔案盒（for WORK・Ⓕ）搭配使用個別檔案夾（Ⓒ），索引處貼上自製標籤更有條理。　**9**能登屋女士工作用的檔案盒（for WORK・Ⓕ）裡面則是用透明檔案夾搭配手寫標籤。「我是以收納內容物常不常改變來決定要使用哪一種檔案夾。」

 ※此頁使用的無印良品商品資訊請見p.59

1

■1能登屋女士以前都在這張桌子上工作。而她現在每天早上仍會坐在這裡寫筆記回顧前一天的工作內容。　■2原本放在 PP手提收納盒（for WORK・Ⓒ）裡的壓克力筆架（For WORK・Ⓘ）和A6筆記本（Ⓐ）。能登屋女士早上的例行公事少不了這兩樣東西。

2

at
DINING
早晨例行公事的專屬空間

桌子旁邊的自由組合層架（Ⓑ）裡面擺著工作相關書籍與雜誌，上面則是平板電腦和手機的充電處。

CASE 07

能登屋英里女士的愛用品

at STORAGE

Ⓐ 聚丙烯小物收納盒／6層
※抽屜橫放使用
（約寬11×深24.5×高32cm）2,490日圓

Ⓑ 聚丙烯小物收納盒／3層
※抽屜橫放使用
（約寬11×深24.5×高32cm）1,990日圓

Ⓒ 發泡聚丙烯個別檔案夾
（A4／4入／白灰）
490日圓

at DINING

Ⓐ

筆記本（空白）／線裝30張／A6／米
70日圓

Ⓑ

自由組合層架／胡桃木 2層／寬版基本組
（寬81.5×深28.5×高81.5cm）
18,900日圓

Ⓔ

PP資料盒／橫式薄型／白灰
（約寬37×深26×高9cm）890日圓

Ⓕ

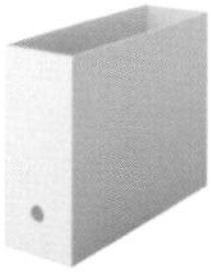

聚丙烯檔案盒／標準型 A4用／白灰
（約寬10×深32×高24cm）490日圓

Ⓖ

可堆疊藤編／長方形籃／小
（約寬26×深18×高12cm）1,890日圓

Ⓗ 自由換芯按壓筆管
黑、白　一枝30日圓
※筆芯需另購

Ⓘ 壓克力筆架
（約寬5.5×深4.5×高9cm）
150日圓

Ⓙ

聚丙烯檔案盒用（隔間小物盒）
（約寬9×深4×高5cm）150日圓

Ⓚ 口紅膠
約8g
90日圓

for WORK

Ⓐ 自由組合層架胡桃木／2層基本組
（寬42×深28.5×高81.5cm）
13,900日圓

Ⓑ

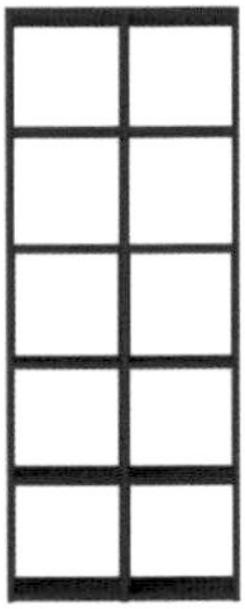

自由組合層架胡桃木／5層×2列
（寬82×深28.5×高200cm）
34,900日圓

Ⓒ

PP手提收納盒寬／白灰
（約寬15×深32×高8cm）990日圓

Ⓓ

PP資料盒／橫式薄型／2個／白灰
（約寬37×深26×高9cm）1,190日圓

CASE 08

獨自生活的小房間

有了無印良品的收納用品
小房間裡也能舒適工作

整理收納顧問
麻里

profile：整理收納顧問、整理收納顧問2級證照講座專業講師。此外她也開設衣櫥收納課程，並同時於稅務記帳士事務所兼差。兒子上大學後獨立自主，所以她現在一個人住。她經營的IG帳號也有不少追蹤者。https://www.instagram.com/a___l__e_

※此頁使用的無印良品商品資訊請見p.65

for

STORAGE-1

抽屜式PP盒
專放常用工作用具

床邊收納處有一台印表機、疊了4層的薄型PP盒（Ⓐ）。抽屜正面塞一張自製檔板，隱藏內容物。

揀選家具搭配收納技巧 就能整頓居家工作環境

麻里女士在兒子離家自立後，也搬進一間附廚房的小套房。約三坪大的房裡有張桌子和沙發，這裡就是她平常處理文書作業的地方。「我一直以來都是以在家也能工作為前提進行收納，所以像現在很多會議或講座改成線上舉辦也很自在。」協助麻里女士打造舒適居家環境的最佳幫手，正是無印良品的產品。房間裡許多收納用品其實已經陪伴她多年，不過當她精簡化生活空間後，更重新看見了收納家具的優點。「無印良品的產品規格都是固定的，就算房間大小改變也能靈活應對。這一點很令人安心。」除此之外，收納方式也是一大重點。她會根據動線，將最常用的東西放在方便拿取的位置。麻里女士的房間讓我們看見小空間也能規劃出美好的工作區。

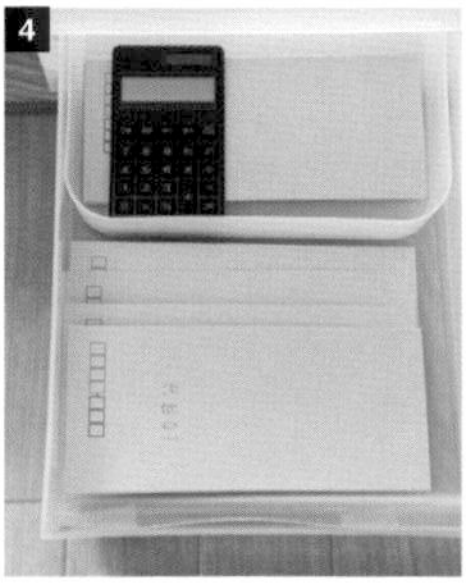

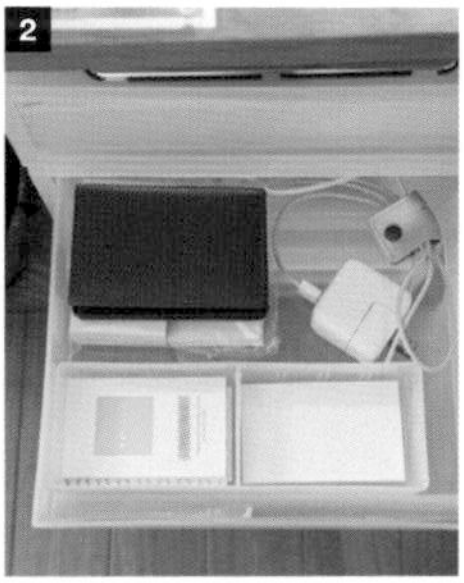
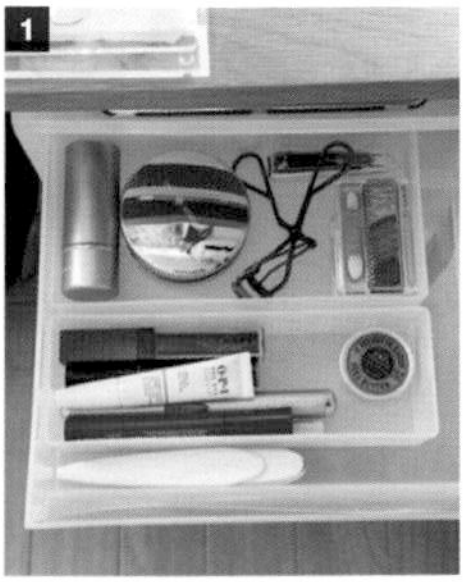

1化妝用品都放在PP盒裡，搭配抽屜整理盒2（Ⓑ）和3（Ⓒ）更方便拿取。 2工作用的名片夾和iPad充電線放在一起。這也是避免出門時忘記帶的收納巧思。自己的名片也放在這裡。抽屜整理盒3中間放個隔板，名片就可以分別放在兩個空間。 3專門放文具的抽屜一樣活用了抽屜整理盒3和4（Ⓓ）。「我每種文具只會準備1個。像剪刀、修正筆（Ⓔ）還有雙面刻度直尺（Ⓕ）都是我很喜歡的文具。」 4專門放報稅資料的抽屜。麻里女士會用信封按月份保管收據，並準備計算機和備用信封，以便隨時處理。

5床邊收納整齊俐落，觀感自然。花花草草也增添了房間的色彩。麻里女士喜歡以原木色調為主，中間穿插黑色點綴的裝潢風格。 6床邊收納區上面擺了一個中型的可堆疊壓克力盒（Ⓗ），搭配面紙用蓋（Ⓖ）當作面紙盒，緩和生活的紛亂感。 7麻里女士會留下整理盒等小型收納用品的標籤，以免用久了忘記尺寸。「我不會撕掉商品標籤，但會隱藏起來。」

 ※此頁使用的無印良品商品資訊請見p.65

❶櫥櫃上擺著低調的白灰色立式檔案盒（Ⓐ），用來保管還沒處理完的工作。❷右邊的壓克力小物收納盒（Ⓑ）尺寸剛好適合收納手環、髮夾。左邊則堆疊2個2層壓克力抽屜盒（Ⓒ），並放入不同飾品專用的灰絨內盒（Ⓓ．Ⓔ．Ⓕ）。「壓克力盒是透明的，所以我出門時可以很快挑選要戴哪件飾品。」

for STORAGE-2

簡單的外觀
超群的功用

右邊是無印良品以前推出的櫥櫃，左邊則是充當電視櫃的自由組合層架（Ⓘ）。層架兩邊各自搭配使用了4段抽屜櫃（Ⓙ）和2段抽屜櫃（Ⓚ）。2段的抽屜櫃裡收著一些重要生活用品。

❺抽屜的深度十足，裡面的空間還可以再劃分。最常用的東西放在外側，次要的放在內側。這一層抽屜的外側放著紙膠帶和電池。 ❻講課時少不了的大型胸針和飾品也收在這裡。

❸櫥櫃裡面剛好放得下7個半透明的立式斜口檔案盒（Ⓖ），背面塞入自製擋板隱藏內容物。上面空間則用來放麻里女士喜歡的餐具。❹開口的部分平時朝外，不同工作的東西收在不同的檔案盒裡，並貼上標籤管理。造型簡約的活頁資料夾（Ⓗ）也是麻里女士的愛用品之一。

CASE 08

麻里女士的愛用品

for STORAGE-1

Ⓐ

PP盒／薄型（正反疊）
（約寬26×深37×高9cm）790日圓

Ⓑ

PP抽屜整理盒（2）
（約寬10×深20×高4cm）190日圓

Ⓒ

PP抽屜整理盒（3）
（約寬6.7×深20×高4cm）150日圓

Ⓓ

PP抽屜整理盒（4）
（約寬13.4×深20×高4cm）190日圓

Ⓔ 修正筆
（白）150日圓

Ⓕ

雙面刻度直尺 黑15cm
100日圓

Ⓖ 可堆疊壓克力盒面紙用蓋
（約寬24.6×深12cm）
190日圓

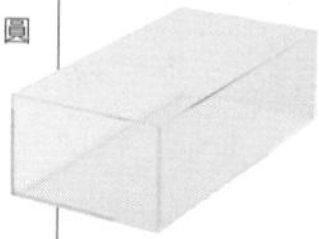

Ⓗ 可堆疊壓克力盒／中
（約寬25.2×深12.6×高8cm）
890日圓

for STORAGE-2

Ⓐ 聚丙烯立式斜口檔案盒A4 ／白灰
（約寬10×深27.6×高31.8cm）490日圓

Ⓑ 壓克力小物收納盒／3層
（約寬8.7×深17×高25.2cm）
2,490日圓

Ⓒ

可堆疊壓克力附蓋抽屜盒／2層／大
（約寬25.5×深17×高9.5cm）2,490日圓

Ⓓ

壓克力盒用灰絨內盒／小格
（約寬15.5×深12×高2.5cm）990日圓

Ⓔ

壓克力盒用灰絨內盒／縱
（約寬15.5×深12×高2.5cm）590日圓

Ⓕ

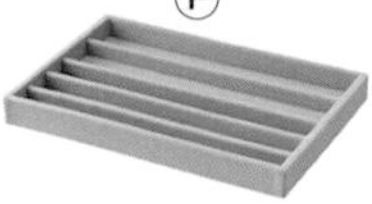

壓克力盒用灰絨內盒大／項鍊收納
（約寬23.5×深15.5×高2.5cm）990日圓

Ⓖ 聚丙烯立式斜口檔案盒／A4
（約寬10×深27.6×高31.8cm）490日圓

Ⓗ 活頁資料夾
（A4／30孔／深灰）
450日圓

Ⓘ 自由組合層架／橡木2層／基本組
（寬42×深28.5×高81.5cm）11,900日圓

Ⓙ

橡木組合收納櫃抽屜／4段
（寬37×深28×高37cm）5,990日圓

Ⓚ

橡木組合收納櫃抽屜／2段
（寬37×深28×高37cm）4,990日圓

提升工作興致的無印良品精選好物！

適合小憩時光使用的小東西一籮筐！

Fragrance

一顆顆圓鼓鼓的
可愛芬香石

變更芬香石的數量就能輕鬆調整香氣濃淡，圓滾滾的樣子也很討喜（國松麻央）。

芬香石 10入 650日圓。

用香氣替自己
轉換心情
清新柑橘
綜合精油

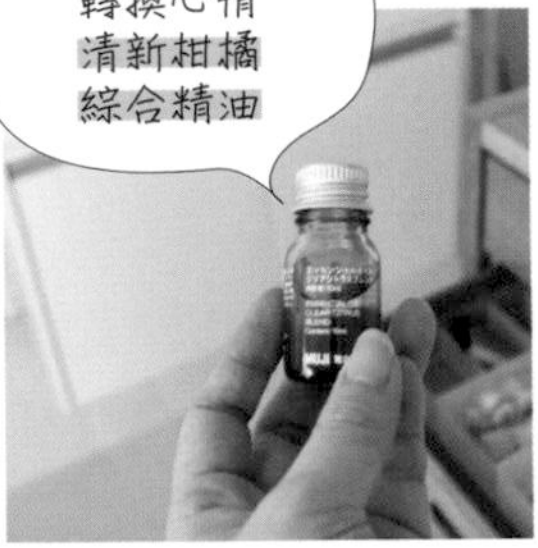

要搭配它一起使用！

通過香氛檢定1級的我，在工作時一定會用無印良品的「綜合精油／清新柑橘」幫自己提神醒腦（戎谷洋子）。

綜合精油／清新柑橘 10ml 1,490日圓、大容量超音波芬香噴霧器（約直徑16.8×高12.1cm）6,890日圓

心靈也要排排毒
香氣高雅的線香

點根線香，整個空間頓時也優雅了起來。我特別喜歡「檀香」甘美別緻的香氣。（生活之音＊mico）。

芬香盤（約直徑9cm）490日圓、磁器線香座／圓型190日圓、線香／檀香香味（12支、長型）390日圓

Sweets

吃下肚也不會有罪惡感！
含糖量低於10g的小零嘴

這系列的所有商品都很好吃，讓人忍不住買一點囤在家裡。休息時配著吃最棒了（iie design）。

糖分10g以下甜點 杏仁巧克力酥餅 6片 250日圓、非油炸甜點 番茄&羅勒 28g 150日圓。

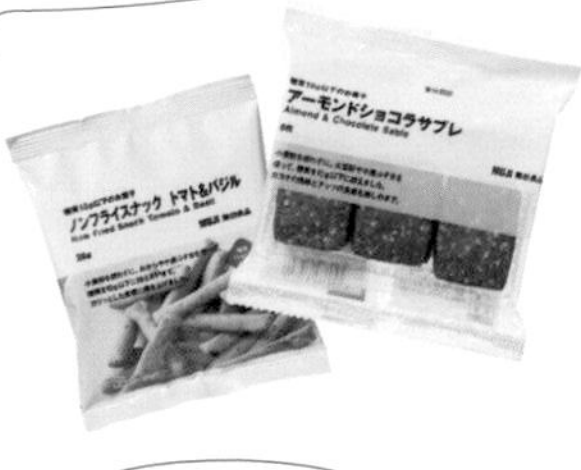

口味豐富、
花樣多變的
不整齊年輪蛋糕

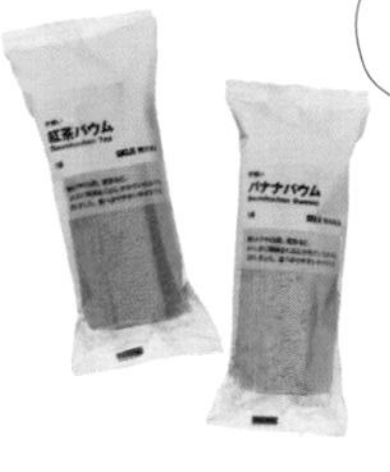

適合工作空檔時慰勞一下自己的甜點。雖然味道大多中規中矩，不過偶爾也會推出有趣的季節限定口味（享瘦生活 鈴木裕子）。

不整齊 香蕉蛋糕、
紅茶蛋糕 一包150日圓。

for Drink

保溫&保冷力無懈可擊
無把手不鏽鋼保溫杯

擺在桌上乾淨俐落
帶出門輕鬆便利
隨身透明水瓶

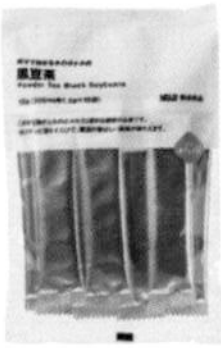

扁瘦的瓶身設計方便攜帶，橫放在文件上也OK。我最近特別喜歡用這個瓶子泡黑豆茶（門傳奈奈）。

隨身透明水瓶（容量330ml）190日圓、隨身透明水瓶用 黑豆茶（13g／300ml用 1.3g×10包）390日圓

雙層夾真空構造可避免水滴附著在外壁，最適合處理文書作業時放在旁邊。蓋上杯蓋，保溫保冷更是萬無一失。（生活之音＊mico）。

無把手不鏽鋼保溫杯 約450ml 1,290日圓

PART2

收納專家＆KOL的無印良品運用技巧Q＆A

22位

大大小小的辦公文具？

ANSWER

工作用和全家共用文具集中收在同一處並用抽屜盒仔細分類

……pyokopyokop

我們家孩子還很小，需要不少空間收納兒童用品。我雖然在家工作，但目前家裡沒有一個我專用的工作空間，我都是在餐桌上做事。所以我工作用的文具就收在客廳櫥櫃裡的小物收納盒〔ⓐ〕，全家共用的文具也放在這裡。不過我有用抽屜盒仔細分類，所以不會搞混。只要盒外貼上標籤，我自己看得清楚，孩子也不會找不到東西。

我現在只能奢望等孩子長大一點，現在和室那些玩具丟掉之後可以規劃成工作區。

貼上標籤清楚明瞭

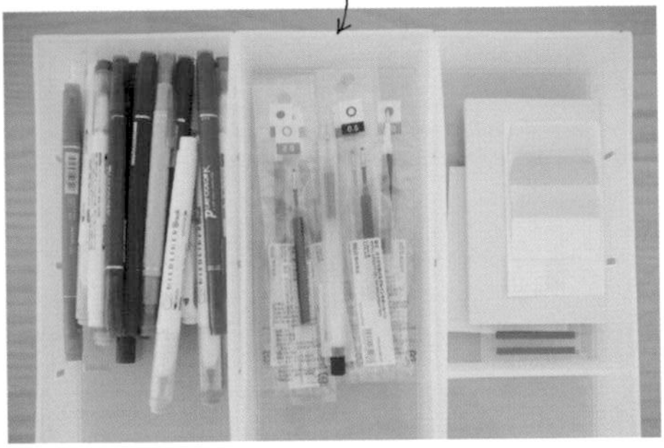

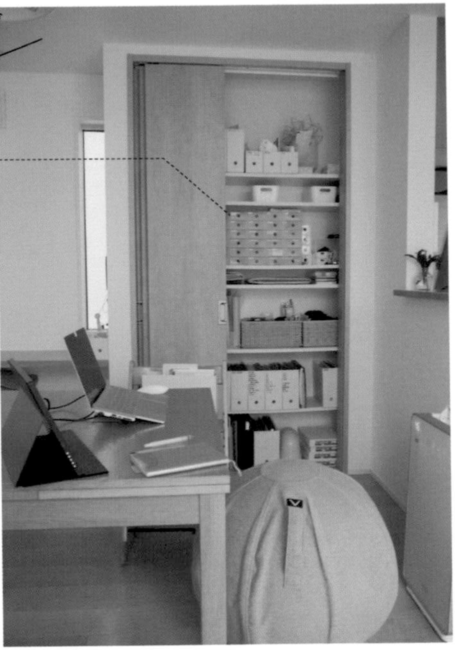

收納不要塞太滿取放都方便

「文具收在小物收納盒〔ⓐ〕裡，決定好每一格抽屜要放的東西並貼上標籤。抽屜內不要放太多東西，歸位時也會很輕鬆。」（ayako teramoto）

ⓐ
聚丙烯小物收納盒6層
（約寬11×深24.5×高32cm）2,490日圓

QUESTION 01 達人都怎麼收納

ANSWER

善用隔板和整理盒 文具和工作用品都能順暢拿取

……life_is_trip_70

我常用的文具收在小物收納盒（a）。抽屜內有隔板，可以有系統地收納文具。使用頻率較高的2枝筆我會放在外面，其餘的收進資料盒，如此一來要用筆時就不必東翻西找。

我還會用抽屜式資料盒（b）搭配化妝盒（d）收納紙膠帶。標籤機的標籤有時也會貼在紙膠帶上，所以這兩個東西我也收在一起。更方便的是要用時可以整個抽屜拉出來，拿到要用的地方。鍍鋅收納箱（c）裡面收著其他工作用品，並搭配化妝盒和小物盒（e）分類管理。

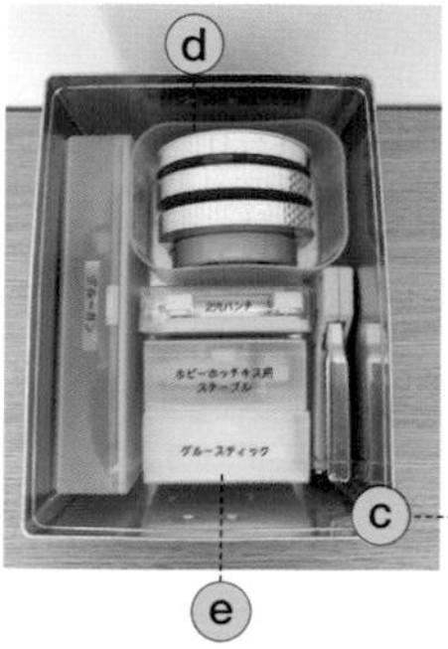

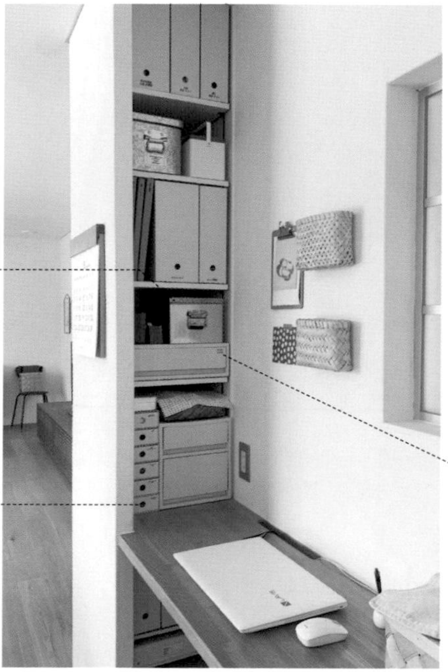

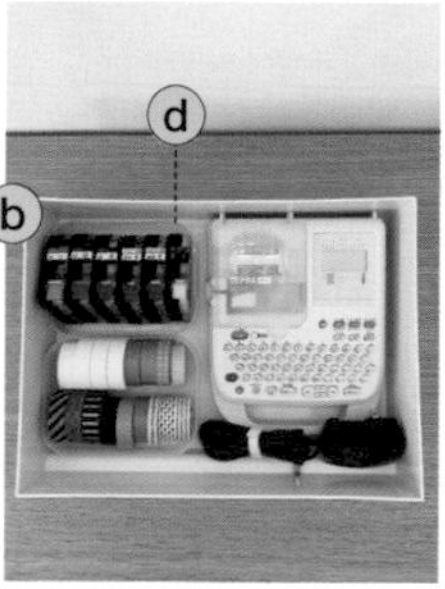

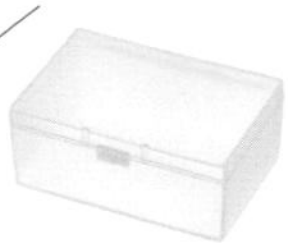

e 聚丙烯小物盒／L
（約寬11×深7.5×高4.6cm）190日圓

d PP化妝盒1/4橫型
（約寬15×深11×高4.5cm）120日圓

c 鍍鋅收納箱／小
（約寬20×深26×高15cm）1,190日圓

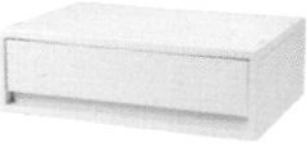

b PP資料盒／橫式淺型／白灰
（約寬37×深26×高12cm）990日圓

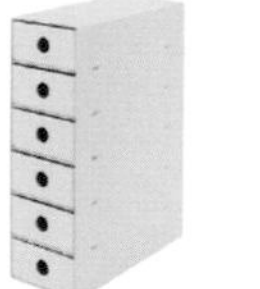

a 聚丙烯小物收納盒6層／白灰
（約寬11×深24.5×高32cm）2,490日圓

ANSWER

組合收納櫃的每層高度都很淺收納不浪費空間

……戎谷洋子

前陣子工作和學習的機會增加，又剛好搬進新家，所以我買了自由組合層架（ⓐ），規劃一個我專用的工作區。位置就在客廳的餐櫃旁邊。

組合收納櫃（ⓑ）最上層放還沒處理的文件，第二層放我和先生共用的文具，第三層放計算機、膠帶類、信封，第四層則放電子設備以及視訊補光燈用的延長線組和乾電池。抽屜裡放了五個抽屜整理盒3（ⓒ），寬度剛好吻合，光看就很舒服。未來我也打算配合工作和生活的變化慢慢調整工作區的規劃。

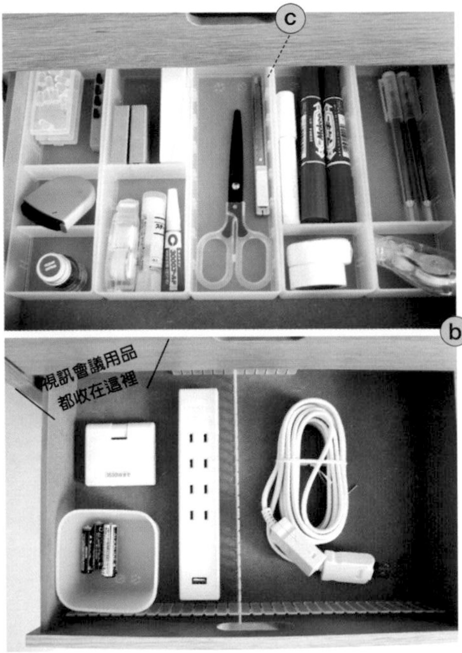

ⓒ
PP抽屜整理盒（3）
（約寬6.7×深20×高4cm）
150日圓

ⓑ
橡木組合收納櫃抽屜／4段
（約寬37×深28×高37cm）5,990日圓

ⓐ
自由組合層架／橡木 2層／基本組
（約寬42×深28.5×高81.5cm）11,900日圓

ANSWER

低調融入飯廳風景 小小身軀藉著滾輪 靈活滑動

……Misa

以前這個簡約活動資料櫃（ⓐ）是用來收玩具的，現在則挪到飯廳放我工作的器具和備用文具。它就放在我平常工作的丹麥復古書桌櫃旁邊。資料櫃上面有一個無印良品的PP手提收納盒（ⓑ），用來收納桌燈和削鉛筆機；正面抽屜裡則收著常用工具和電池、文具並整齊分類。這款資料櫃最大的優點在於設計簡約又小巧，不會牴觸任何室內裝潢風格。而且它的材質是鋼，各個部位都能黏上磁鐵。底部又有滾輪，方便推來推去。

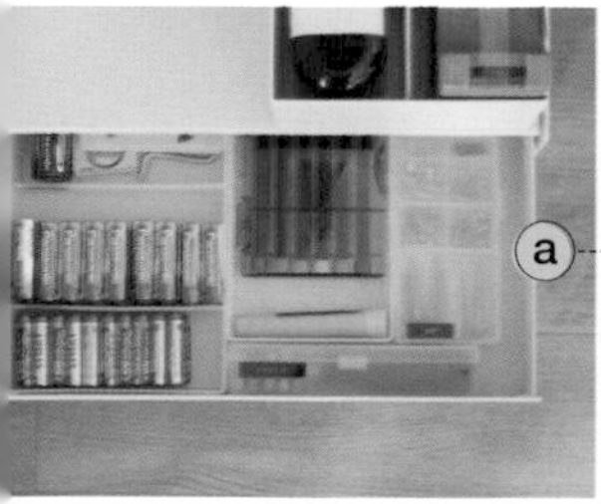

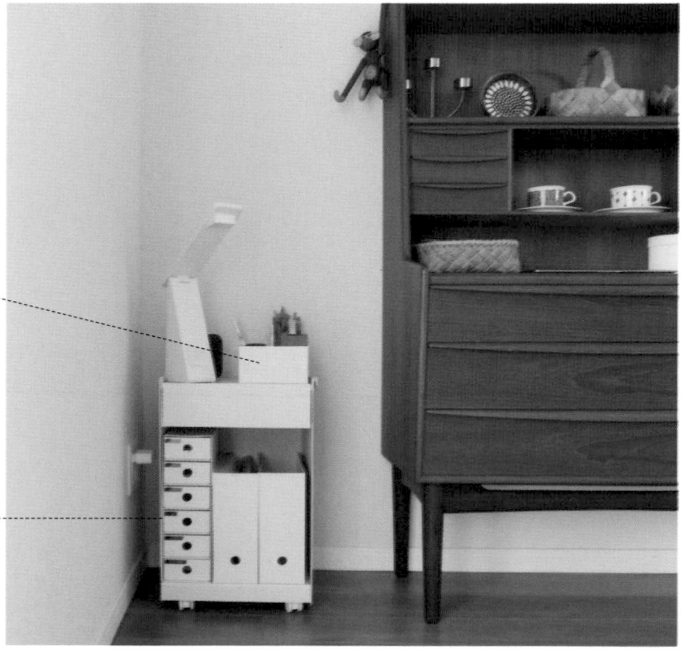

ⓑ
PP手提收納盒寬／白灰
（約寬15×深32×高8cm）990日圓

ⓐ
簡約活動資料櫃
（約寬33×深33×高51cm）17,900日圓

ANSWER

方便的小工具 全部塞進收納盒 安安靜靜提著走

……享瘦生活　鈴木裕子

這個手提收納盒（ⓐ）是我去幫客戶整理時客戶讓給我的，我拿來裝在家工作時偶爾會用到的小工具。我平常是在和室工作，想要換個心情時也會改到客廳或飯廳做事。這種時候我可以直接提著收納盒移動，真的很輕鬆。

我用的筆平常放在白磁牙刷架（ⓑ）上，工作時會連筆帶座一起拿到桌上擺著。至於精油、護手霜則會裝進百圓商店買來的調味品管架直立收納。收納盒裡面的東西不會東碰西撞，感覺也比較舒服。

文具和香氛用品集中放一起

ⓐ

ⓑ

ⓐ
PP手提收納盒寬
（約寬15×深32×高8cm）990日圓

ⓑ
白磁牙刷架／1支用
（約直徑4×高3cm）250日圓

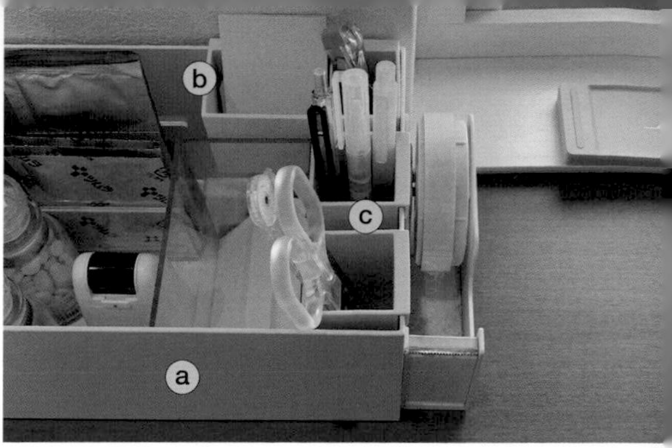

ANSWER

記帳之類的每日例行公事在廚房邊快速搞定

……非極簡主義者fune

整理信件和記帳等可以趁家事空檔時處理的小事情，我都在廚房旁邊的檯子上處理。檔案盒（a）裡放著剪刀、便條紙，筆則直立放進檔案盒用的小物盒和筆盒（b・c），並且和一些藥品放在一起。我很喜歡這些收納用品，因為就算直接擺在外面，看起來也很整齊。

a

聚丙烯檔案盒／標準型寬／1/2／白灰

（約寬15×深32×高12cm）490日圓

b

聚丙烯檔案盒用（隔間小物盒）

（約寬9×深4×高5cm）150日圓

c

聚丙烯檔案盒用（筆盒）

（約寬4×深4×高10cm）150日圓

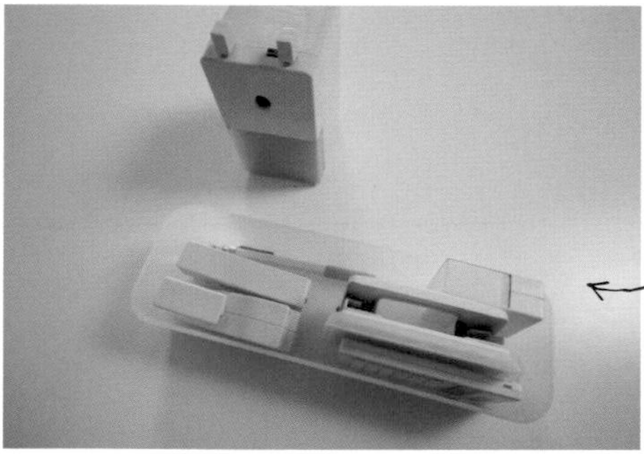

ANSWER

工作用文具也是一整套的無印良品文具！

……iie design

我工作上也幾乎都使用無印良品的文具。每款文具的設計看都看不膩，我也都用了好長一段時間。特別是不用釘書針的釘書機（a）真的好方便。這些文具平常都收納在小巧便利的整理盒（b），需要時容易取用，用完後也能隨手一放，所以孩子也會乖乖把東西放回原位。

a

無針釘書機

（約寬2.6×高4.9深9.2cm）550日圓

b

PP整理盒2

（約寬8.5×深25.5×高5cm）150日圓

件和書冊整理得井然有序？

ANSWER

親子各自的書籍分別用看得見&看不見的收納方便拿取又能維持整齊

……Yuu

和室是我在家的工作區，也是孩子的念書區。孩子在這裡寫功課或做勞作，我則忙針線活、燙衣服或處理其他工作，所以我們的東西都放在這裡。

分隔板（a）的尺寸剛好符合孩子教科書的大小，而且支撐力很足，取放都很輕鬆。

檔案盒（b・c）裡面則放著使用說明書和影印紙、學校和才藝班相關的留存資料。像這樣藏起來外觀就有條理多了！檔案盒外貼上標籤，就能一眼看出裡面裝了什麼東西。

這裡的收納方式大概就這樣。回過神來才發現我用的幾乎都是無印良品的收納用品呢。

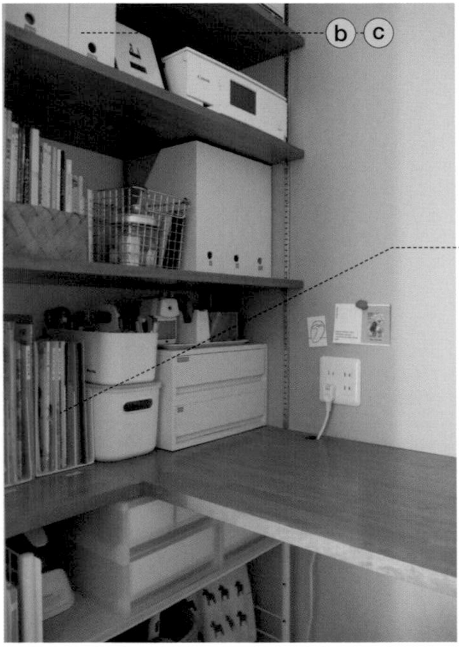

c
聚丙烯檔案盒／標準型
寬／A4／白灰
（約寬15×深32×高24cm）690日圓

b
聚丙烯檔案盒／標準型
A4用／白灰
（約寬10×深32×高24cm）490日圓

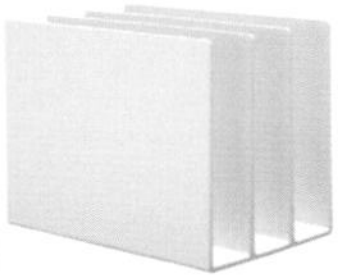

a
聚苯乙烯分隔板
白灰
（3分隔／小、約21×13.5×16cm）
690日圓

QUESTION 02 如何將繁雜的文

ANSWER

既輕巧又站得直挺挺。架上桌上來去自如 移往其他房間也輕鬆

……安尾香奈

我經常需要配合孩子更換在家工作的場所，所以總會帶著易摺疊厚紙板檔案盒（a）一起走。這款紙板做的檔案盒很輕，不過站得很穩。裡面只放必要物品，例如幼稚園的通知單、醫療單據還有處理中的工作資料。它也剛好能用來放在家工作時用的耳機麥克風。

a
易摺疊厚紙板檔案盒／5入
（A4用／深灰、每個約寬10×深28×高32cm）890日圓

ANSWER

規定自己只能買一個。僅放需優先處理的資料 隨身提著走

……山田明日美

我習慣文件直放收納，並且依用途分類。需要優先處理的資料放進附手把檔案盒（a），要留存的文件則收在壁櫥裡。我規定自己只能買一個附手把檔案盒，因為太多的話反而會害我要處理的資訊量過多。當資料多到遮住把手，就代表整理的時候到了。

a
聚丙烯附手把檔案盒
標準型／白灰
（約寬10×深32×高28.5cm）990日圓

腦的空間？

ANSWER

利用衣櫃上層空間 直立式收納 隨時轉換心情

……香村　薰

我一個禮拜會在家工作兩天，所以都在客廳工作。為了能迅速進入或脫離工作狀態，我在收納電腦的方式上花了點心思。我在立式斜口檔案盒（a）底部鋪了一層泡泡紙當作緩衝墊，用來收筆記型電腦和電線、耳機等電腦相關用品，並且放在衣櫃上層。

我也會替同一組的電腦和電線貼上同色標籤貼紙，增加「醒目度」。當家人要借用時，只要告訴他們「拿黃色貼紙的東西」就行了。要用時可以連同立式斜口檔案盒整個拿出來，用完後也能整盒放回去，這樣也不容易弄丟電線！

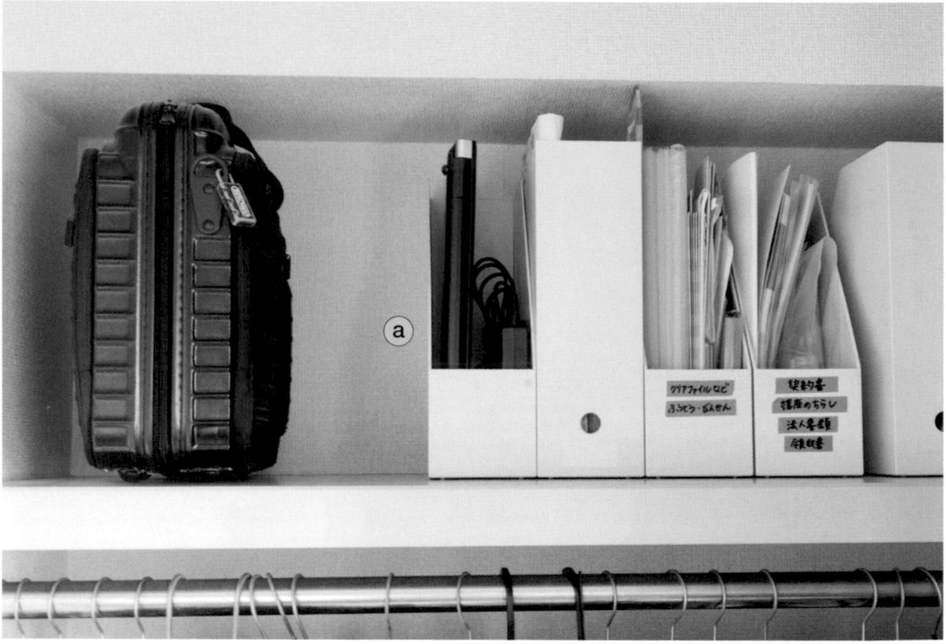

a
聚丙烯立式
斜口檔案盒
A4／白灰
（約寬10×深27.6×高31.8cm）490日圓

QUESTION 03 如何清出收電

ANSWER

藤編收納籃×不織布分隔袋防止刮傷！

……戎谷洋子

電子器材我都收在藤編籃（ⓐ）裡面，還放了不織布分隔袋（ⓑ）避免表面刮花，再掛上檔案盒用筆盒（73頁）放一枝黑筆。袋子跟籃子間的縫隙也擺了一個抽屜整理盒（ⓒ），裡面一半放紙膠帶、隨身碟之類的文具用品，另一半則拆掉原本的隔板，改放一個間隔板（ⓓ）擺不同種類的便條紙。遠端工作時我可以將整個籃子從架上拿到桌上，再準備好筆記本和iPhone就能馬上開始工作。而且事先備妥工作時需要的東西，注意力就不容易被打斷。我很慶幸自己改用這種方法收納。

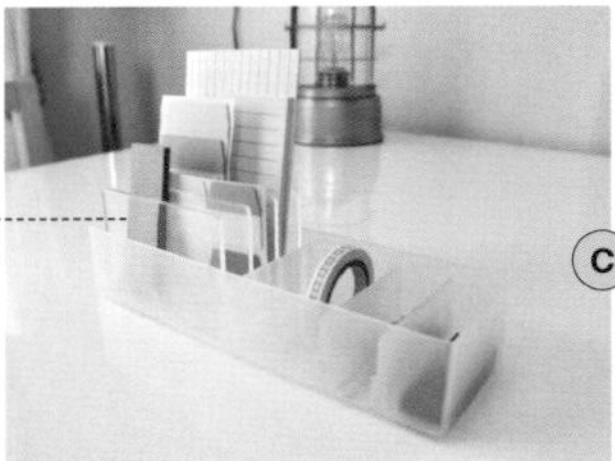

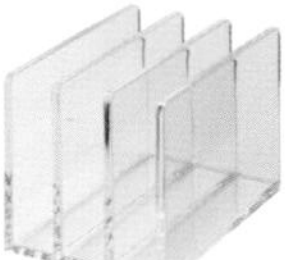

ⓓ

可堆疊壓克力盒桌上型／間隔板

（約寬5.8×深8.4×高5.7cm）250日圓

ⓒ

PP抽屜整理盒（3）

（約寬6.7×深20×高4cm）150日圓

ⓑ

可調整高度的不織布分隔袋中／2入

（約寬15×深32.5×高21cm）790日圓

ⓐ

可堆疊藤編長方形籃／中

（約寬36×深26×高16cm）2,290日圓

打結的線材收得整齊？

ANSWER

集中保管三支手機的充電線並立起來擺放

……香村 薰

我們家總共有三支手機，充電線也不少，如果全部亂放在一起很容易打結，所以我會用捲線收納盒（a）分裝好再放進抽屜（b）。這樣也方便我掌握「現在有幾條充電在用」。而且外出時也可以整盒放進包包，不怕跟其他東西纏在一起！

a
聚丙烯捲線收納盒
（附立架／方型）190日圓

b
PP盒／淺型／2格附隔板（正反疊）
（約寬26×深37×高12cm）1,190日圓

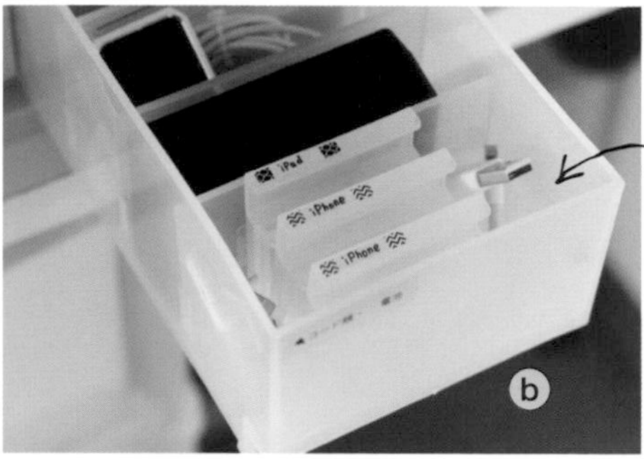

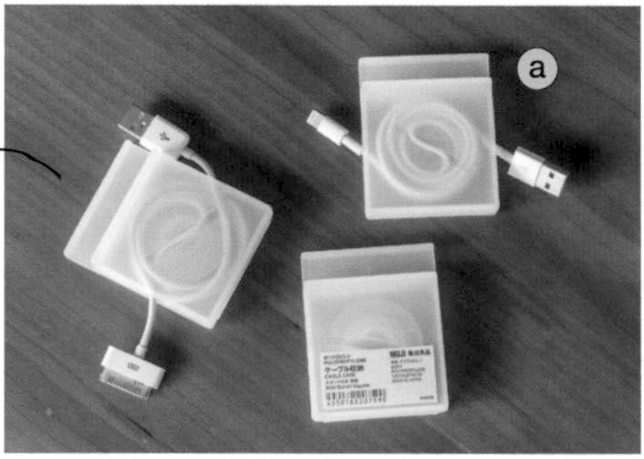

ANSWER

輕巧收納電池與電線。出差時也容易攜帶

……生活之音＊mico

我很喜歡用無印良品的行動電源來充iPhone的電。這款行動電源本身也是一顆快充頭，出差時非常好用。我平常會將行動電源、裝進捲線收納盒（b）的充電線一起放進尼龍網眼筆袋（a）帶著走。在家充電的時候也會用捲線收納盒（b）把電線捲起來使用，避免電線散亂。

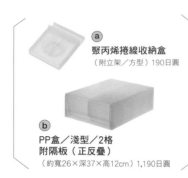

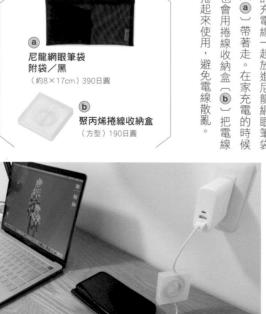

a
尼龍網眼筆袋附袋／黑
（約8×17cm）390日圓

b
聚丙烯捲線收納盒
（方型）190日圓

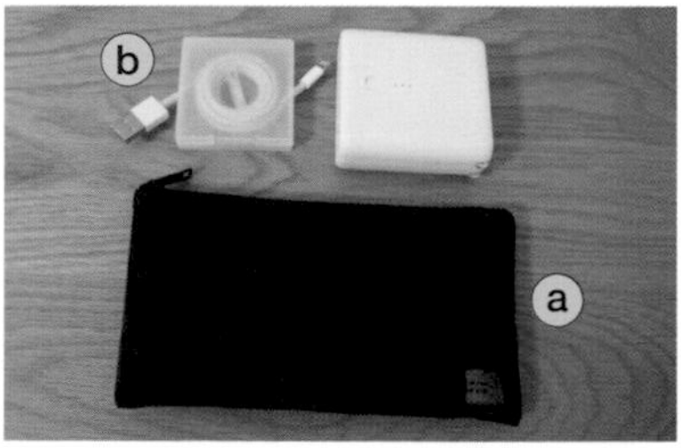

QUESTION 04 要怎麼將動不動就

ANSWER

充完電後會下意識馬上收起來的超順手收納

……森 麻紀

我都用抽屜式PP盒（ⓐ）收納充電用品。櫃子上擺了一個有USB孔的延長線（ⓑ），要充電時可以立刻從底下抽屜裡拿出電線，充飽電後也會覺得馬上收起來很順手方便。PP盒裡面有隔板，所以也不怕電線纏在一起。

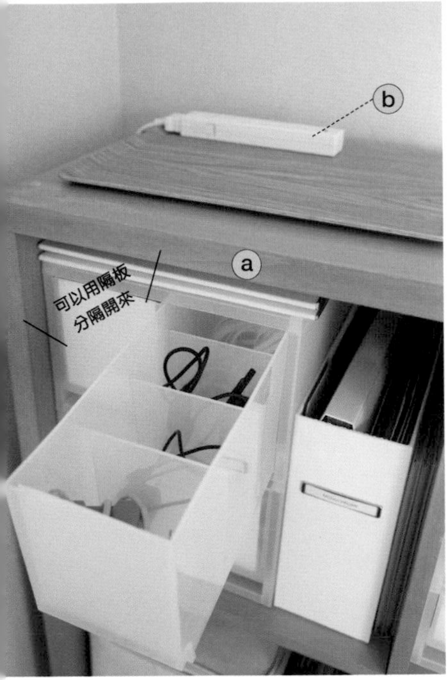

ⓑ
延長線基座／附固定鎖4插座／1 USB孔
（約寬3.65×深2.4×高19.1cm）
1,490日圓

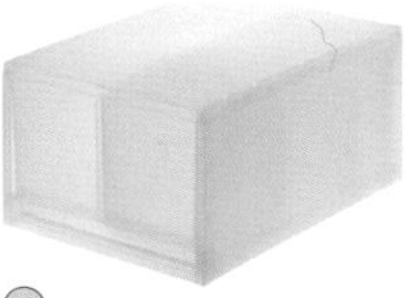

ⓐ
PP盒／深型／2格附隔板（正反疊）
（約寬26×深37×高17.5cm）
1,490日圓

ANSWER

輕薄透明的EVA夾鍊袋最適合收納電線

……伊藤智子

EVA夾鍊袋外觀透明，可以看出裡面收納什麼，而且尺寸用來收電線剛剛好。所以我習慣用（ⓐ）收一條電腦線，（ⓑ）收一條耳機線，出門時也只要將袋子放進包包裡就行了。平常則放在軟質聚乙烯收納盒（ⓒ）。這個也是我在客廳工作時的暫時置物處（參照84頁）。

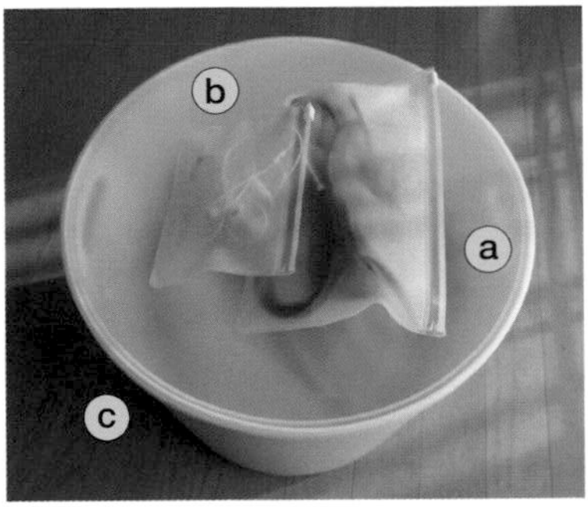

ⓒ
軟質聚乙烯收納盒／圓型／深
（約直徑36×高32cm）1,190日圓

ⓑ
EVA夾鍊收納袋 B7
（約長11.5×寬14.5cm）80日圓

ⓐ
EVA夾鍊收納袋 B6
（約15×22cm）100日圓

子器材有什麼收納訣竅？

ANSWER

常用攝影器材裝進軟質收納箱不加蓋更好拿

……森 麻紀

我有時會在餐櫃上用電腦處理簡單的工作，所以電腦周邊產品都收在工作區正下方。電腦和相機會放在靠地板近一點的地方，以免地震時摔壞。

相機周邊統一放在櫃子左下方的軟質收納箱（ⓐ），腳架靠在角落並用磁鐵吸住避免傾倒。化妝盒（ⓑ）裡裝小型數位相機，櫃子中間下層的雙格資料盒（ⓒ）裡面放外接式硬碟（HDD、SSD）和DVD光碟機、小型相機。右邊底下的資料盒（ⓓ）則收著外出時用的平板電腦。我把資料盒的抽屜拿掉，取放電腦時更方便。

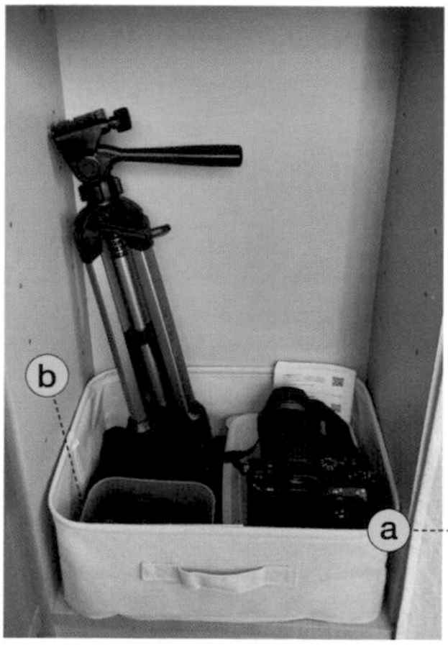

ⓓ
PP資料盒／橫式薄型
（約寬37×深26×高9cm）890日圓

ⓒ
PP資料盒／橫式薄型／2個
（約寬37×深26×高9cm）1,190日圓

ⓑ
PP化妝盒1/2橫型
（約寬15×深11×高8.6cm）190日圓

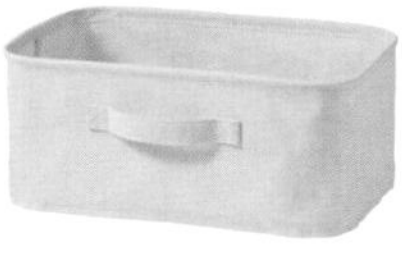

ⓐ
棉麻聚酯收納箱長方形／小
（約寬37×深26×高16cm）990日圓

QUESTION 05 雜物和占空間的電

ANSWER

分別用兩種材質清楚區分工作用與全家用的東西

……伊藤智子

半透明的檔案盒（ⓐ）裡面專門收納全家人共用的東西。這種檔案盒「有點透明、又不會太透明」，方便我大概掌握內容物，全家人用起來也很方便。至於白灰色的檔案盒（ⓑ）則放我收納顧問工作用的道具。這樣櫃子上哪些是我工作的東西，哪些是全家共用的東西都一清二楚。

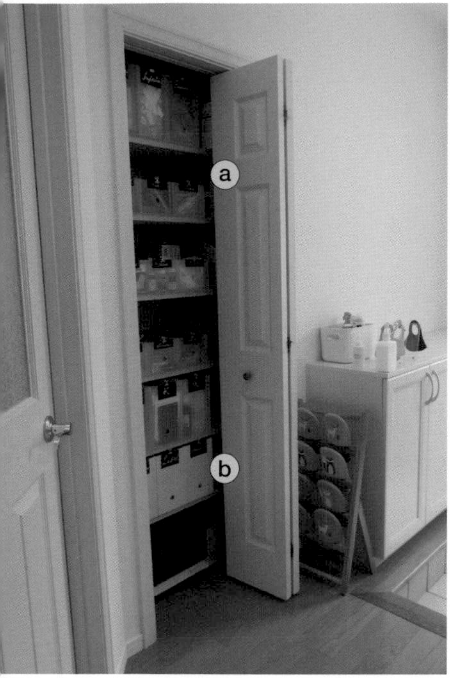

ⓑ
聚丙烯檔案盒 標準型／寬 A4／白灰
（約寬15×深32×高24cm）690日圓

ⓐ
聚丙烯檔案盒 標準型／寬／1/2
（約寬15×深32×高12cm）490日圓

ANSWER

標籤機和紙膠帶之類的文具用品集中放一個盒子

……Yuu

我的工作區和孩子共用，所以我自己用的標籤機和紙膠帶會收在軟質收納盒（ⓐ）。這款收納盒邊角有弧度，容易進出櫃子的空隙，蓋上蓋子後還可以堆疊，用起來超方便。而抽屜式資料盒（ⓑ）裡面則放了一堆雜七雜八的文具和貼紙。

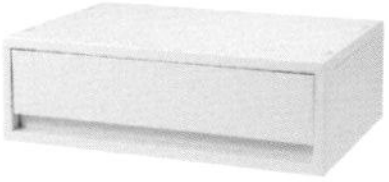

ⓑ
PP資料盒／橫式 淺型／白灰
（寬37×深26×高12cm）990日圓

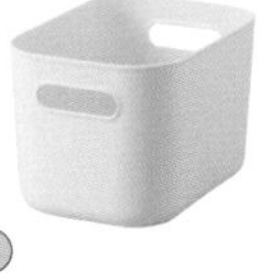

ⓐ
軟質聚乙烯收納盒 半／中
（約寬18×深25.5×高16cm）690日圓

區的技巧？

ANSWER

東西全部扔進桌底收納盒的超簡便收納

……非極簡主義者fune

我們家客廳的大桌底下有個檔案盒〔(c)〕，檔案盒底下還搭配裝了輪子〔(b)〕的專用蓋〔(a)〕。我會用壓克力檔案夾分裝手上各個案子的資料，隨意放在檔案盒裡以便隨時拿取。檔案盒加裝滾輪後，我要換到另一張小桌子上工作時也能輕鬆移動。

桌子內側還用不鏽鋼絲夾〔(d)〕拉高電腦充電線的位置，避免腳邊散落一團電線。身後的長押〔(e)〕上除了擺放精油，也用來幫助我管理部分文件。它最棒的是同時具備裝飾房間和延伸桌面的效果。

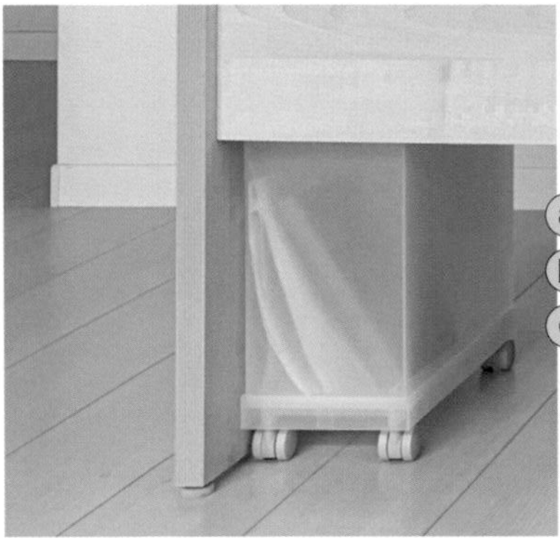

(e)
壁掛家具
長押88cm／橡木
（寬88×深4×高9cm）
2,990日圓

(d)
不鏽鋼絲夾／
掛鉤式
（4入、約寬2×深5.5×高9.5cm）
390日圓

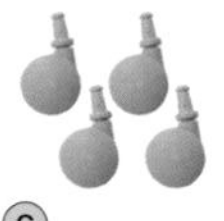

(c)
PP組合箱用
輪子
（4入）390日圓

(b)
聚丙烯檔案盒用蓋
（可裝置輪子）
（寬15cm用／透明、約寬16×深33×高3.5cm）390日圓

(a)
聚丙烯檔案盒／標準型
寬／A4
（約寬15×深32×高24cm）
690日圓

QUESTION 06 有沒有快速清理工作

ANSWER

扔進盒子即完成的暫時收納區。加蓋還能藏起雜亂

……門傳奈奈

我工作時桌上總會擺一堆東西，但要吃飯時或孩子回家後就必須收拾乾淨。這時我會將東西扔進軟質聚乙烯收納盒（ⓐ），蓋上蓋子（ⓑ），然後暫時放在桌子底下。這麼一來就能快速整理好桌面！

這種只需要丟進盒子就好的收納方法很適合我這種懶人，而且每次收完之後也能轉換心情。收納盒搭配蓋子最多可以堆疊兩個，更省空間。蓋子還有隱藏內容物的功能，所以就算盒子裡的東西亂放（笑），看起來還是很整齊。

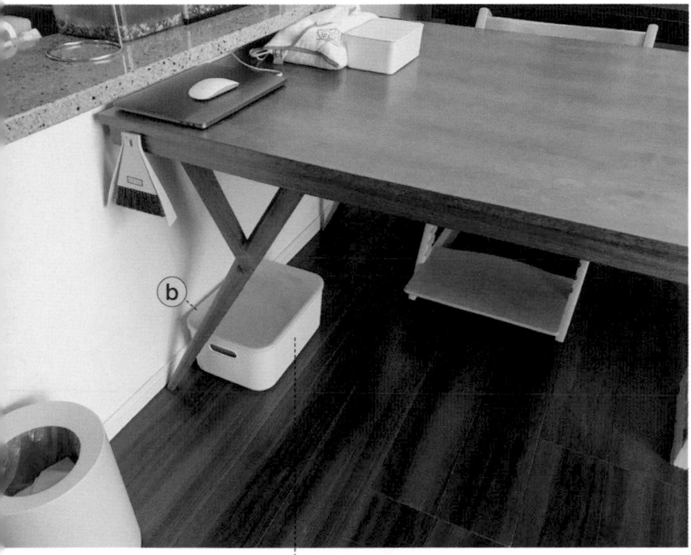

Before

ⓑ
軟質聚乙烯收納盒用蓋
（約寬26×深36.5×高1.5cm）290日圓

ⓐ
軟質聚乙烯收納盒／中
（約寬25.5×深36×高16cm）790日圓

ANSWER

一次收納大量方方角角的文件。低頭一看輕鬆找

……伊藤智子

軟質聚乙烯收納盒（ⓐ）方便我迅速收拾餐桌上大量的工作資料和文具。收納盒裡面再放個壓克力隔板（ⓑ）和鋼製書架隔板（ⓒ），還能調整空間分配。東西採直立收納，我一低頭就能找到需要的東西。因為收納盒本身是圓筒狀，所以和隔板之間會有點空隙，可以用來收納小物。吃晚餐時，孩子放在桌上的課本和筆記本也能比照同樣方式丟進收納盒，快速整理桌面，馬上做好吃飯的準備。

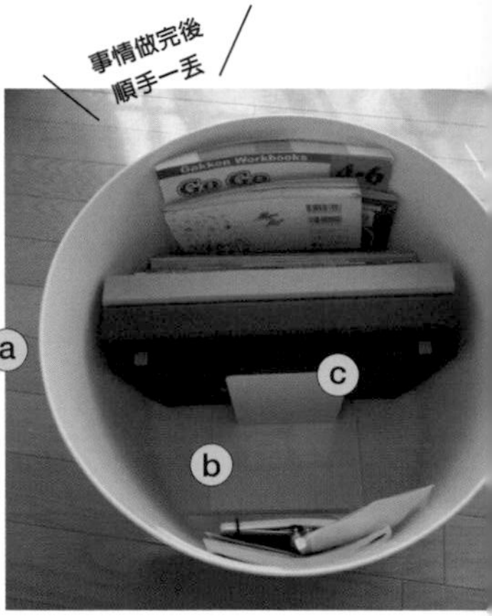

ⓒ
鋼製書架隔板／中
（寬12×深12×高17.5cm）
250日圓

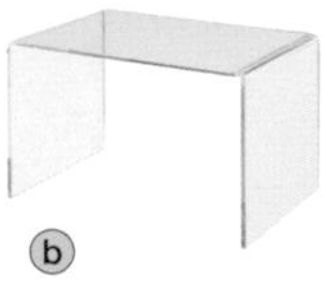

ⓑ
壓克力隔板／大
（約寬26×深17.5×高16cm）790日圓

ⓐ
軟質聚乙烯收納盒圓型／深
（約直徑36×高32cm）1,190日圓

ANSWER

將文具直立放進手提包。坐著也能輕鬆拿！

……森 麻紀

我工作也是坐這張餐桌椅，椅背上有掛一個手提包裝我常用的東西，這樣我不用起身也能隨時拿到東西。

這套收納方式再搭配無印良品的產品，還可以變得更方便！包包底部放一個整理盒（ⓐ）、塞入隔間小物盒（ⓑ）就可以直立收納文具。其他像是剪刀、護手霜、護唇膏、無印良品的PP薄型收納夾（筆記本封套）、筆記本、計算機也都裝在裡面。直立收納的好處是東西在哪裡都看得一清二楚，可以輕鬆取出要用的東西。

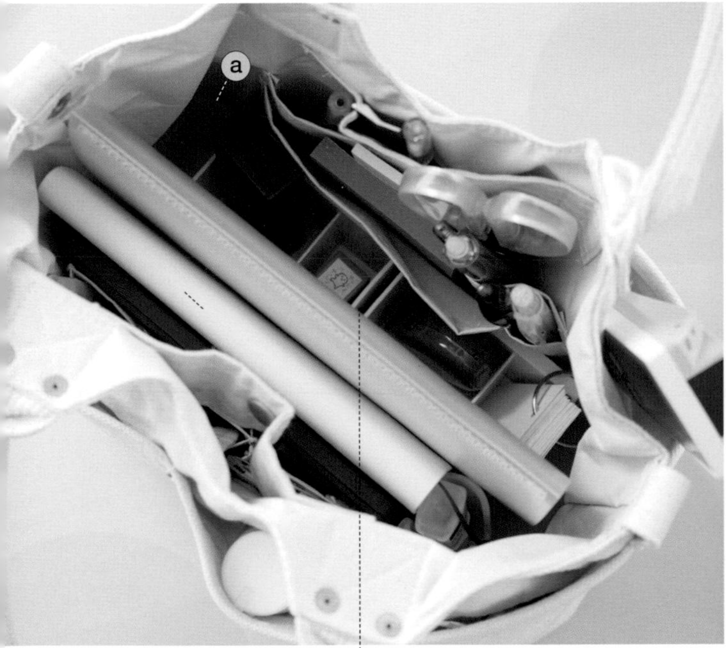

ⓑ
聚丙烯檔案盒用（隔間小物盒）
（約寬9×深4×高5cm）150日圓

ⓐ
PP整理盒2
（約寬8.5×深25.5×高5cm）150日圓

用電腦的舒適度？

ANSWER

收納紙箱當抽屜 尺寸剛好能收進 壓克力隔板底下

……國松麻央

我會在餐桌用電腦，所以也保留了一塊可以隨時布置好的工作區。我用壓克力隔板（a）充當簡易電腦架，墊高做事比較不容易累，而且這樣開視訊會議時鏡頭的高度也剛剛好！壓克力隔板底下用A5紙箱（b）代替抽屜，統一放我的文具。A4紙箱（c）則放工作用的重要文件。

因為每天吃晚餐前都得整理桌面，所以我餐桌附近只放必要的工作用品，用完後也會馬上連同箱子收回旁邊的櫃子。怕麻煩的人也能輕鬆維持空間整潔。

吃晚餐前收到桌子旁的櫃子上

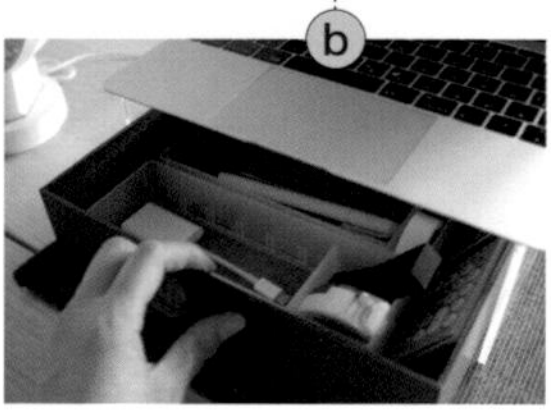

壓克力隔板還可以調整iPad高度！

參加視訊會議時，可以用大的壓克力隔板（p.84）搭配附立架的捲線收納盒（p.78）立起iPad。（伊藤智子）

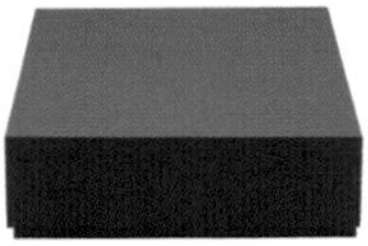

c
紙箱
（A4用／深灰、約寬33.8×深25.5×高7.75cm）
690日圓

b
紙箱
（A5用／深灰、約寬25.5×深16.9×高7.75cm）
590日圓

a
壓克力隔板／小
（約寬26×深17.5×高10cm）590日圓

QUESTION 07 如何提升在家

ANSWER

我現在超喜歡用木製檔案收納盒擺放電腦和鍵盤

……ayako teramoto

三年前我買了木製檔案收納盒（a）墊高電腦螢幕。由於我這張書桌的高度設計得比較剛好，如果在書桌上用電腦很容易一直低著頭，但墊高後就可以抬頭挺胸用電腦了。前後差異超級大！自從改變方式後，我也不容易肩頸痠痛了。而且我很喜歡收納盒這種類似北歐現代風的設計。

收納盒底下剛好可以收我的鍵盤，我平常用電腦時會把螢幕上的電腦套拿來墊在鍵盤下面。至於收納盒中間那一層有股奇妙的魔力，讓人動不動就想把資料扔進去（汗）。所以我規定自己資料只能放在收據資料夾裡面，也提醒自己不要堆積太多。

※請注意，由於木製檔案收納盒並非設計予電腦螢幕放置用，故過重的螢幕可能造成危險。

a

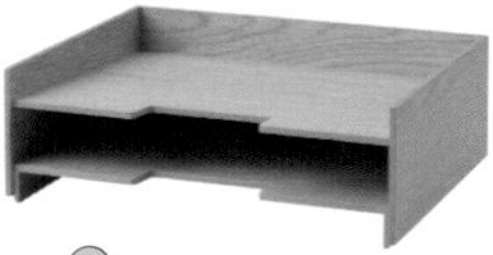

a

木製檔案收納盒

（A4／2層、約寬32×深24×高10.5cm）2,490日圓

充電

QUESTION 08
充電區域要怎麼保持乾淨清爽？

ANSWER

充電站設置在牆上 孩子也能養成充電後 隨手收拾的習慣！

……kana

客廳櫃台桌上的長押（a）是我們家固定的充電站。我喜歡長押簡約的外觀，而且固定充電站的位置之後，孩子也養成了東西用完放回定位的習慣。既能避免東西到處亂丟，電線也不會纏在一起，好處多多！

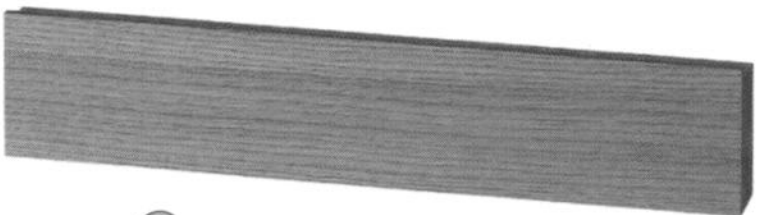

a
壁掛家具　長押44cm／橡木
（寬44×深4×高9cm）1,790日圓

ANSWER

開放式收納 取放更輕鬆 還兼具適度 隱蔽效果

……Camiu.5

客廳書桌旁的開放式收納櫃是我們家集中放手機、iPad充電線的地方。這個用PP收納架（a・b）組成的收納櫃以前是用來放玩具的。我在底下裝了滾輪（82頁c），移動更方便，裡面也放了一些耳機備用。東西好拿好放的感覺真的很舒服！

b
PP收納架／深大型
（約寬37×深26×高26cm）
990日圓

a
PP收納架／深型
（寬37×深26×高17.5cm）
790日圓

沉重的
家電

QUESTION 09

重得要命的家電怎麼用會比較輕鬆？

ANSWER

龐大的印表機也能在玄關&和室來去自如

……伊藤智子

這座平台車（a）是我移動噴墨印表機時的利器。印表機很重，一般會放在固定位置上，但多虧有這座平台車，印表機沒用到時可以收在玄關旁的櫃子裡，工作上要用的話隨時都能輕輕鬆鬆推到和室。

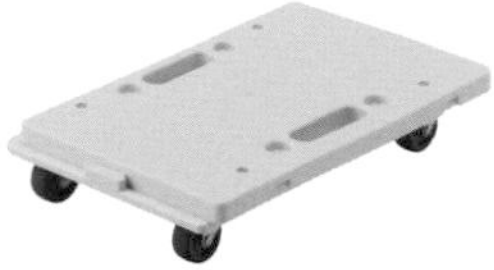

a
縱橫皆可連接聚丙烯平台車
（約寬27.5×深41×高7.5cm）1,990日圓

ANSWER

沉甸甸的裁縫機只要搭上平台車想去哪裡就去哪裡

……fumi

我的興趣是裁縫，而且幾乎都是在自己的房間進行。裁縫機沒有用到時，我會放在聚丙烯平台車（a）上，推到桌子底下收起來。偶爾我也會在客廳車東西，這時有了平台車就方便多了！平台車是我的得力助手，它讓笨重的裁縫機也能輕鬆移動。

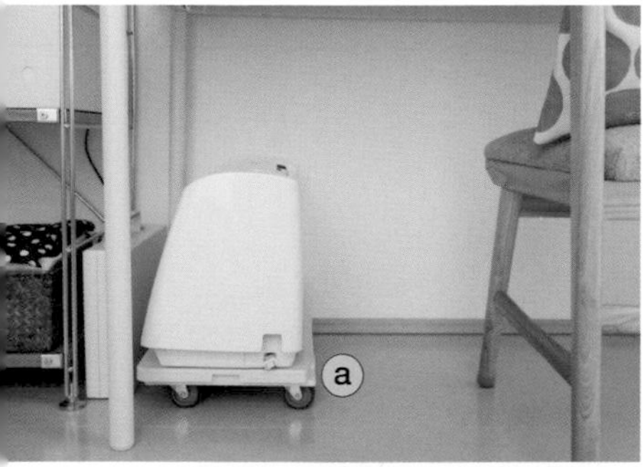

a
縱橫皆可連接聚丙烯平台車
（約寬27.5×深41×高7.5cm）1,990日圓

事項？

ANSWER

按照優先順序寫下待辦事項再一一擊破

……生活之音*mico

為避免自己在家工作時陷入「東奔西忙」的窘境，我會在工作前仔細羅列當天要處理的事情並分配優先順序。木製小物收納盒（d）裡放著我精挑細選的必要文具，盒上放著便條紙，並且用迴紋針夾（b）立起待辦清單（a），提醒我事情的緩急。

同時使用兩個迴紋針夾還可以立起A4大小的紙張，這樣子在輸入資料時方便多了。我也很喜歡待辦事項紙膠帶（c），平常會搭配方形便條紙一起使用。紙膠帶本身有裁線，用手就能輕鬆撕開。

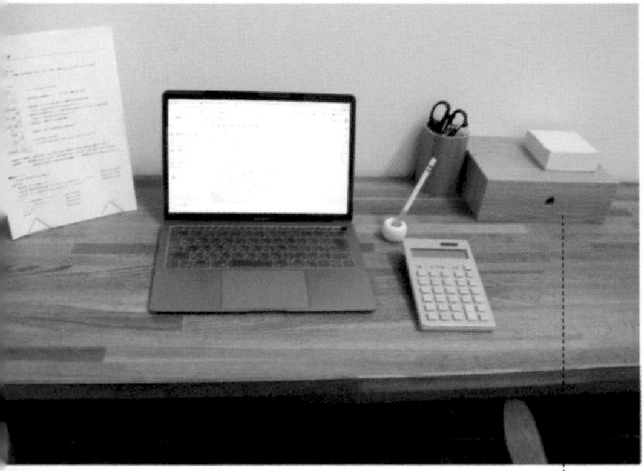

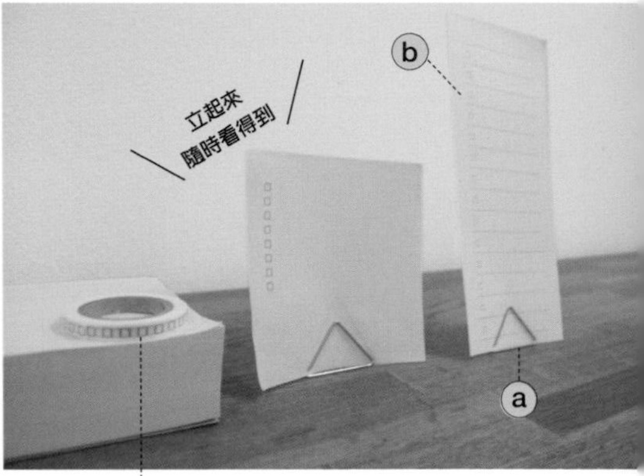

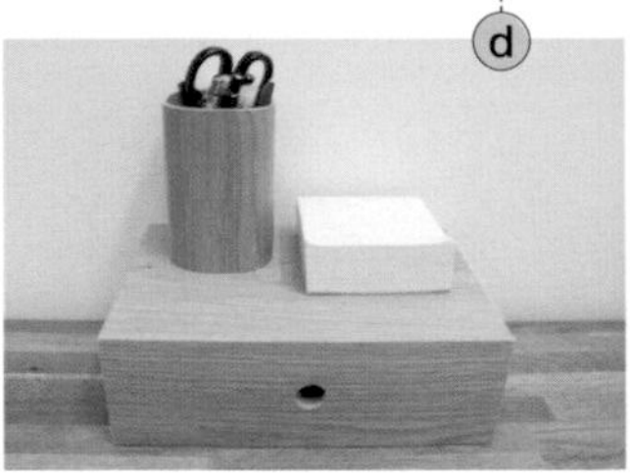

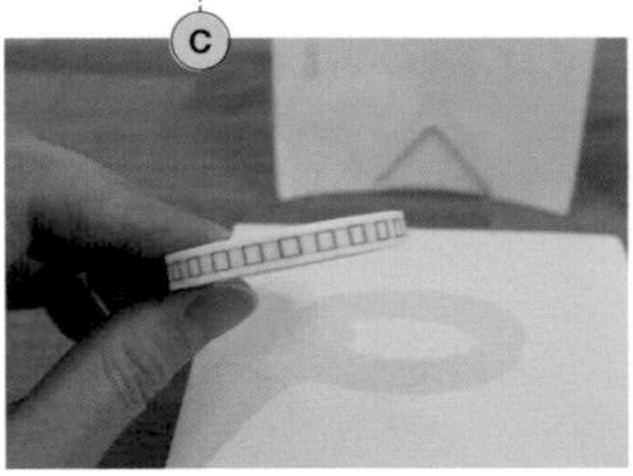

d
木製小物收納盒1層
（約寬25.2×深17×高8.4cm）1,990日圓

c
附裁線紙膠帶／待辦事項 裁線間距約12cm／全長9m
190日圓

b
短冊便條紙（待辦事項）
（40頁／14行、約8.2×18.5cm）
100日圓

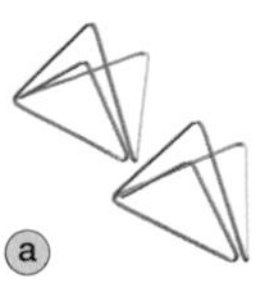

a
不鏽鋼迴紋針夾（卡片立架）大／2入
190日圓

QUESTION 10 如何簡明管理待辦

ANSWER

既能發揮裝飾效果也能掛起不能忘的重要文件

……非極簡主義者fune

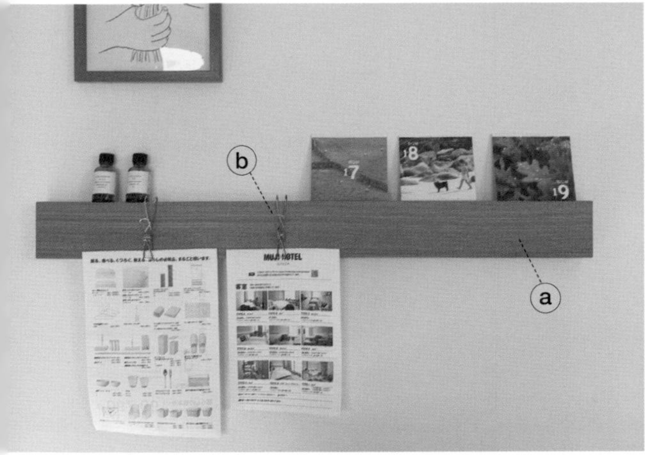

工作桌後方的長押（a）是放CD和精油的位置。另外也用不鏽鋼絲夾（b）掛著一些不能忘記的重要文件。我將CD外盒當成畫一樣擺飾，並且不定期更換CD。這是我的小堅持。把工作桌變成自己最喜歡的空間，工作心情也會比較好。

b
不鏽鋼絲夾／掛鉤式
（4入、約寬2×深5.5×高9.5cm）390日圓

a
壁掛家具 長押88cm／橡木
（寬88×深4×高9cm）2,990日圓

ANSWER

用手提文件包依項管理工作文件和用品

……門傳奈奈

我會用手提文件包（a）收納工作資料，並依項目分類保管。文件包本身是半透明的，不用打開也能看出「什麼地方放了什麼資料」，所以我都直接放在櫃子裡面，也沒特別貼標籤。將把手部分朝外，輕輕一拉就能取出。文具也依不同工作和各自的資料放在一起，做起事來更方便。

a
聚丙烯手提文件包 立式可收納／A4用
（含把手約長28×寬32×厚7cm）890日圓

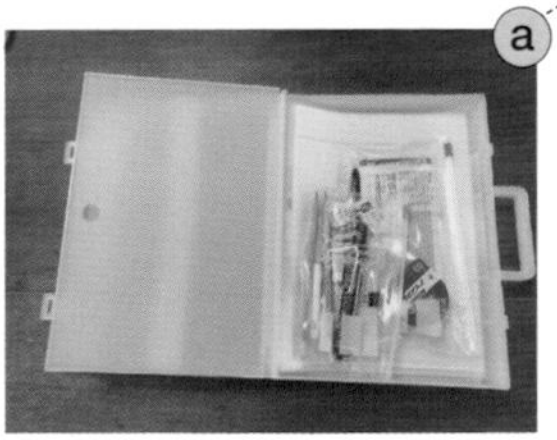

ANSWER

只要少少動作就能馬上拿取要用的資料

……戎谷洋子

我家客廳的層架裡放了藤編長方形籃（a）暫時收納工作所需的資料。籃子裡還放了不織布分隔袋（b）避免刮傷。不過這些資料用完後就會放回原位，所以有時不織布分隔袋裡面也不會有東西。

層架上面有兩個立式斜口檔案盒（c），左邊放著我工作和學習時需要的文件，右邊則放全家人共用的資料。其實這兩個檔案盒原本是放在層架裡面，後來因為東西太多只好搬到上面來放，不過這反而讓我得以花更少的動作拿取常用的東西！所以我很喜歡現在的擺放方式。

c
聚丙烯立式斜口檔案盒
A4／白灰
（約寬10×深27.6×高31.8cm）
490日圓

b
可調整高度的不織布分隔袋
大／2入
（約寬22.5×深32.5×高21cm）
990日圓

a
可堆疊藤編
長方形籃／中
（約寬36×深26×高16cm）
2,290日圓

重要文件與金錢

QUESTION 11 如何將重要資訊管理得條理分明？

ANSWER

來到第八本的報稅用檔案夾。風格統一又整齊

……iie design

我每年都會買一本聚丙烯檔案夾（a）裝報稅用的資料。收據、明細按月貼上活頁筆記紙，其他東西則依照不同用途放進不同的活頁袋，夾起來一起保管。

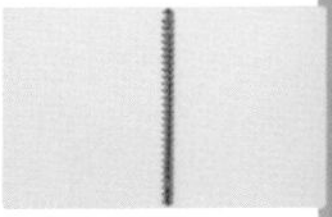

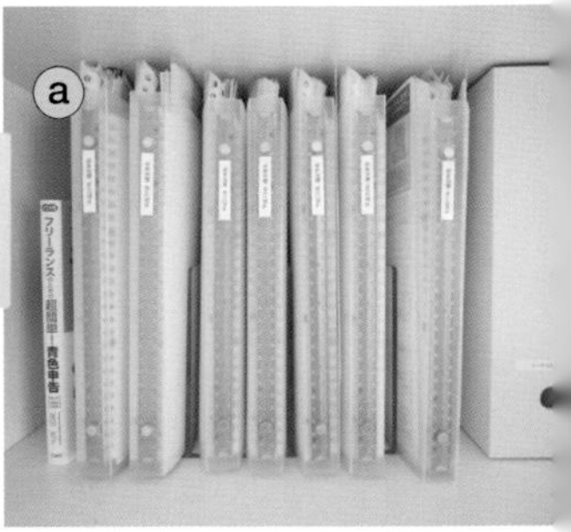

a 聚丙烯檔案夾
（B5／26孔）
450日圓

ANSWER

記錄重要聯絡人資訊的索引放在上鎖的櫃子

……伊藤智子

我會將緊急聯絡人的資訊寫在便條紙上，然後貼上索引（b）再放進資料夾（a）。這樣萬一住院或碰上緊急狀況時就能馬上聯絡到人。由於都是個資，所以我會放在上鎖的櫃子裡保管。

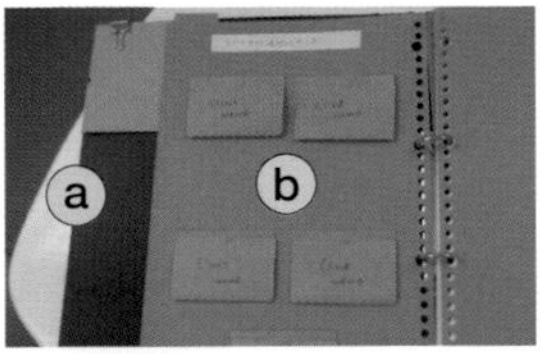

a 資料夾（線圈式）
（A4／2孔／深灰）
290日圓

b 索引／米
（A4／30孔／5索引）
190日圓

ANSWER

扁平的小物袋用起來就像信封方便收納管理金錢

……Cami'u'5

我會依花費用途來管理家用預算。多準備幾個透明小物袋（a），就可以放入「那個禮拜的生活費」並隨身攜帶。而且它用起來就像信封一樣，方便我管理金錢。

a 單面透明小物袋
（120×190mm、白灰）
99日圓

ANSWER

輕薄收納在顯眼地方的記帳用具組

……kana

我其實覺得記帳有點麻煩，所以都把記帳用品集中放在顯眼的地方。用壓克力間隔板（a）管理也比較方便取用。雖然我理財方式很粗略，只求不要入不敷出，但還是維持了記帳習慣。

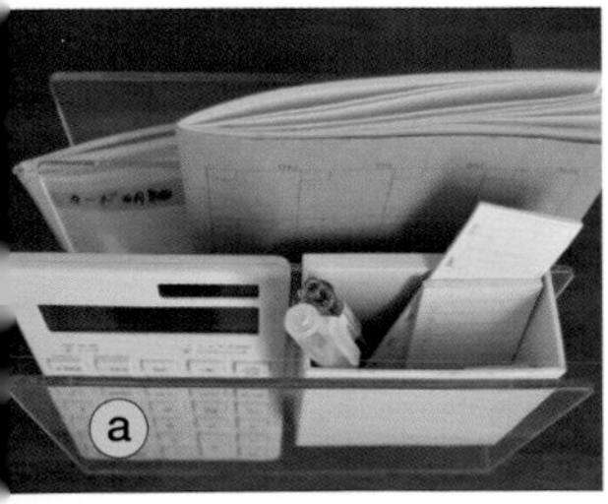

a 壓克力間隔板
（3間隔、約寬13.3×深21×高16cm）
1,190日圓

ANSWER

以零動線為目標！工作用具和化妝品排列得整整齊齊

……a_plus.kyoto

政府呼籲大家減少出門活動，孩子們都在家裡各個空間處理自己的事情，所以我的工作區主要是在餐桌週邊。我希望工作時「縮短動線」，所以也調整了各個家具之間的距離，這樣子我要用電腦時只需要稍微挪個椅子就行了。自由組合層架〔ⓐ〕裡面擺放許多檔案盒〔ⓔ、92頁ⓒ〕，上層收納講座用的資料和型錄，下層收納家裡用的文件、電腦以及桌上照明設備，並於外盒貼上標籤。常用的捲尺則收在小物盒〔ⓕ〕。我平常也都在飯廳打理儀容，所以準備了抽屜式資料盒〔ⓑ・ⓒ〕和手提收納盒〔ⓓ〕放化妝品。這樣我只要轉個身就能化妝，不需要起身。

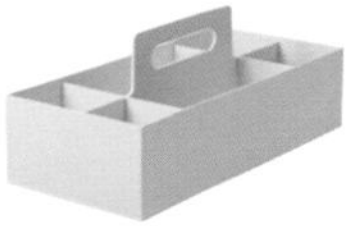

ⓓ
PP手提收納盒
寬／白灰
（約寬15×深32×高8cm）
990日圓

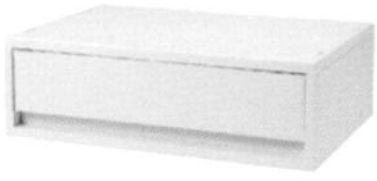

ⓒ
PP資料盒／橫式
淺型／白灰
（約寬37×深26×高12cm）
990日圓

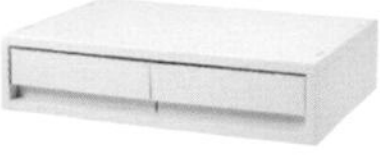

ⓑ
PP資料盒／橫式
薄型／2個／白灰
（約寬37×深26×高9cm）
1,190日圓

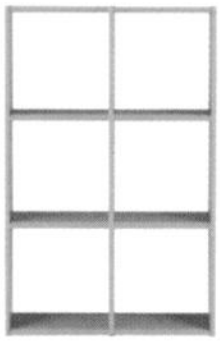

ⓐ
自由組合層架
橡木／3×2
（約寬82×深28.5×高121cm）24,900日圓

QUESTION 12　如何在客飯廳設置收

ANSWER

無論是孩子念書或是確認簽名都能高效完成的區域

……kagi

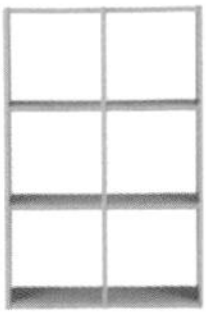

ⓐ 自由組合層架
橡木／3×2
（約寬82×深28.5×高121cm）
24,900日圓

ⓑ 聚丙烯
小物收納盒
6層
（約寬11×深24.5×高32cm）
2,490日圓

客廳工作桌上會用到的必需品，都放在一旁的自由組合層架（ⓐ）。六層小物收納盒（ⓑ）內的每個東西都有固定的位置，所以孩子用完東西後也知道該放回哪裡。層架上的木製檔案收納盒則是暫時放通知單的地方，之後再另外分類。準備一個擺著筆的筆架，要簽名時也能直接在這邊處理。

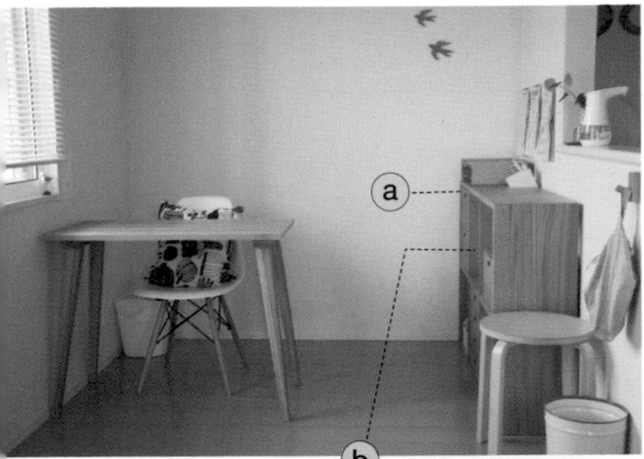

絕佳的
距離感！

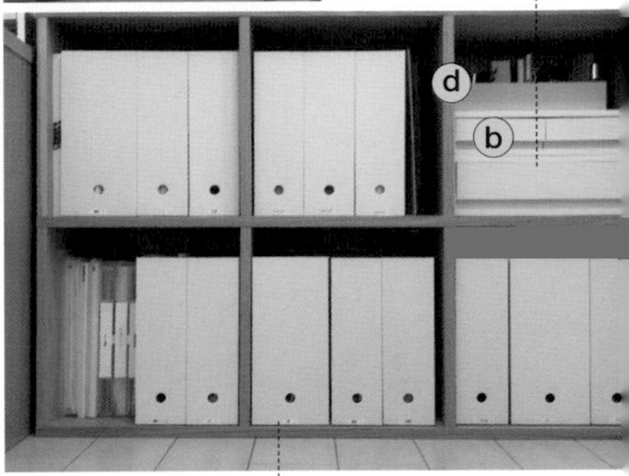

ⓕ 聚丙烯檔案盒用
（小物盒）
（約寬9×深4×高10cm）
190日圓

ⓔ 聚丙烯立式
斜口檔案盒
寬／A4／白灰
（寬15×深27.6×高31.8cm）690日圓

好東西分享不完！

客飯廳收納最佳選擇 無印良品收納家具

除了自由組合層架之外，無印良品還有許多魅力十足的收納家具。

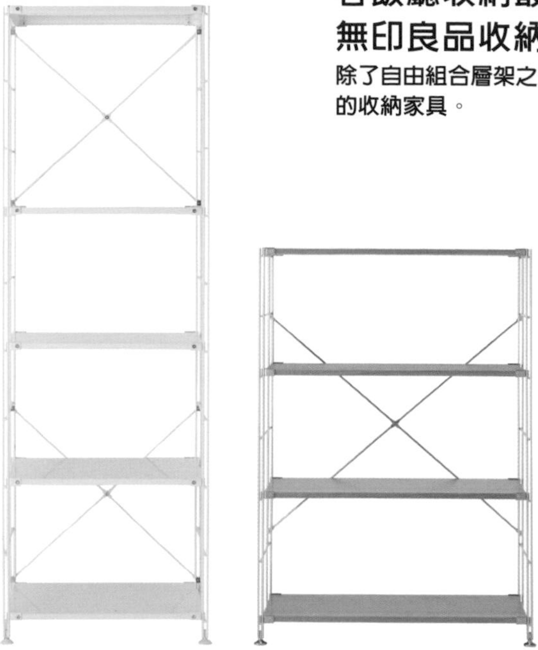

（右）SUS橡木層架組／寬／中（寬86×深41×高120cm）23,900日圓、
（左）SUS鋼製層架組／亮面淺灰／大（寬58×深41×高175.5cm）9,990日圓

推薦好用收納家具❶

組合方式
千變萬化！

SUS層架組

SUS層架可謂無印良品的招牌收納家具。這系列最大的魅力就在於可以自由組合喜歡的尺寸、材質、配件，打造具備個人風格又機能性十足的收納系統。本體的材質分成不鏽鋼和鋼，搭配的棚板也有多樣化的材質與顏色可挑選，不鏽鋼材質可搭配6種棚板、鋼材質則有3種。可以先從尺寸多元的基本組中挑一個作為基礎，再加裝棚板或追加用側片，還可以額外裝上背板、籃子、盒子等豐富配件。不鏽鋼追加棚還可以根據個人喜好量身訂製。

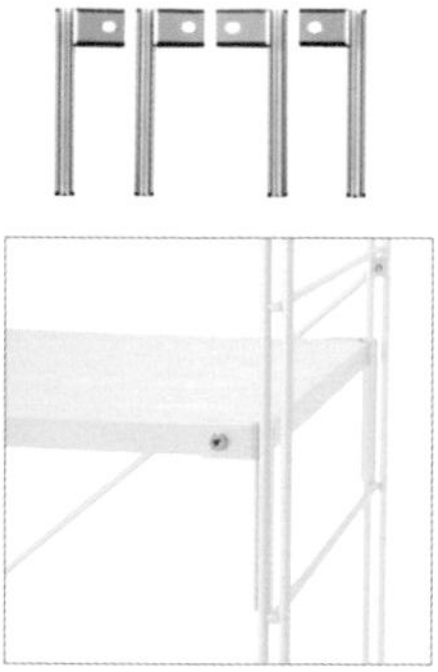

（上）SUS層板高度調整金具／不鏽鋼系列用　4入990日圓、
（下）SUS層板高度調整金具／SUS亮面淺灰系列用　4入790日圓

還可以這樣用！

用SUS層架組 組裝一張書桌

想要一張簡單的書桌，還能結合收納功能的人看這邊！SUS層架組可以組裝成書桌的模樣，還能運用「SUS層板高度調整金具」，配合座椅高度調整桌面高度（詳細使用方法與限制請詢問店家）。

（右）胡桃木收納櫃／玻璃門／窄（寬44×深44×高83cm）24,900日圓、（左）橡木收納櫃／木門（寬88×深44×高83cm）29,900日圓

推薦好用收納家具❷

木頭簡單而溫暖的質感
最適合居家裝潢！

木製收納櫃

造型簡單的木製櫥櫃適合放在客廳和飯廳，門板也可以避免灰塵堆積。無印良品的木製收納櫃有胡桃木和橡木兩種，44cm的深度相當夠用，可以收納各式各樣的東西。寬度則有88cm和44cm的款式可選，門板類型亦可選擇木門或玻璃門。這系列收納櫃和自由組合層架不一樣，會組裝好再送到府，所以也很推薦給不擅長組裝家具的朋友。

無印良品的收納用品可以完美結合櫥櫃

「橡木收納櫃／木門」內附兩塊棚板，將內部空間分割成符合檔案盒以及其他收納用品的規格。

推薦好用收納家具❸

可以自行組裝物美價廉
的簡約置物櫃！

DIY環保收納櫃

這款塑合板收納櫃的優點在於重量輕，女性也能輕鬆搬運。另外一大特色是直立、橫放皆適用，橫放的話最多可堆疊5個。層數部分有2層～5層可選，寬度則分成37.5cm和窄型的25cm。寬37.5cm的款式還可以另外加購專用紙箱抽屜（1段、2段）搭配使用。這系列產品的價格比較親民，大量購買也不會太傷荷包，推薦給需要在家中工作區設置暫時收納處的人。

（左）DIY環保收納櫃／A4／4層（寬37.5×深29×高144cm）4,490日圓、（右）DIY環保收納櫃／窄版／4層（寬25×深29×高144cm）3,890日圓

堆疊使用時建議搭配專用補強金屬配件

非極簡主義者fune將2個4層DIY環保收納櫃橫放堆疊當作書櫃。「堆疊使用DIY收納櫃時，可以用『環保收納櫃用／金具（2入、250日圓）』加固。它是用螺絲固定，安裝方式非常簡單。」

但還是想要有一張工作桌該怎麼辦？

ANSWER

開合自如的摺疊桌
工作區帶著走！
隨時隨地都能工作

……山田明日美

疫情爆發後孩子無法出門上學，客廳的桌子便成了孩子寫功課的地方。所以我自己買了一張可摺疊松木桌（ⓐ）當作工作桌。摺疊桌的好處是搬動輕鬆，在家中任一處都能夠用電腦、看書、做想做的事情。

如果要開設或參加線上講座，就將桌子搬到聽不見其他家人聲音的房間。我還準備了一個S形掛鉤，將視訊用的降噪耳機掛在桌子側邊。想專心做事的時候可以轉個方向，也可以用抗力球充當椅子，或是借孩子念書……摺疊桌的用法真的變化多端。用不到的時候就摺起來靠在角落，完全不占空間。

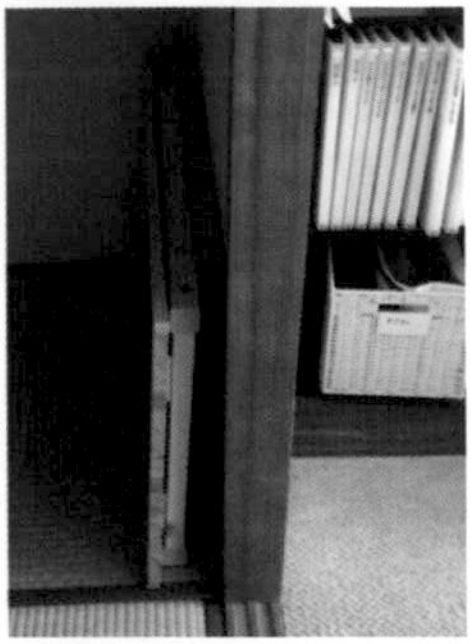

ⓐ
松木桌／可摺疊
（約寬80×深50×高70cm）5,990日圓

沒有桌子怎麼辦？

QUESTION 13 沒有空間、只是暫時的…。

ANSWER

運用客廳收納櫃上孩子搆不到的高度站立工作

……安尾香奈

最近我開始試著站著工作，客廳收納櫃的上面幾層就是我的工作區。這麼做是因為我突然想到「如果把不想讓孩子碰的東西放在他們碰不到的地方，這樣共處一室時也可以好好工作了。」

我會用到的文具都裝在抽屜式PP盒（a），並且放在櫃子上層。另外也將鋁製掛鉤（b）吸在調整棚板高度的側軌上，掛我用電腦時戴的抗藍光眼鏡。這麼一來就能工作了！自從我啟用新的工作區後，意外發現「站立工作」能讓我精神更集中呢。

就算工作到一半突然要抽身處理家事或照顧孩子，回來後也能馬上重新進入狀況。還有個好處是更方便準備要交給幼稚園的東西了。我好喜歡這個新工作區。

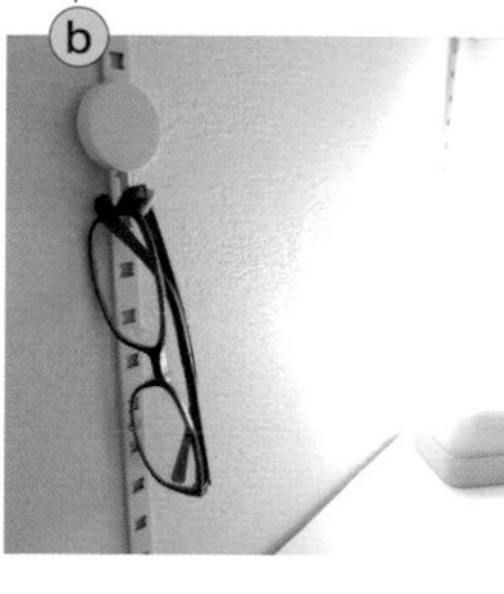

b 鋁製掛鉤／磁鐵式／小
（3入、約寬3.5×高5cm）390日圓

a PP盒／薄型2段（正反疊）
（約寬26×深37×高16.5cm）1,190日圓

沒有桌子怎麼辦？

ANSWER

調整棚板高度變出一座符合喜好的燙衣台

……fumi

我房間角落有一個松木組合架（ⓐ），上面放著裁縫用的器具、材料，從下面數上來第三層則當作燙衣台。無印良品的松木組合架可以自行調整每一層的高度，所以我將這一層加寬，方便我燙衣服。

組合架下面幾層的軟質聚乙烯收納盒（ⓑ）收著布料，六層小物收納盒（ⓒ）收著鈕釦等手工藝配件；檔案盒用來放一些文件、布料，抽屜盒裡面則收納文具和手工藝用品。這些都是無印良品的收納用品，所以深度和寬度都能互相配合，看起來很舒服。

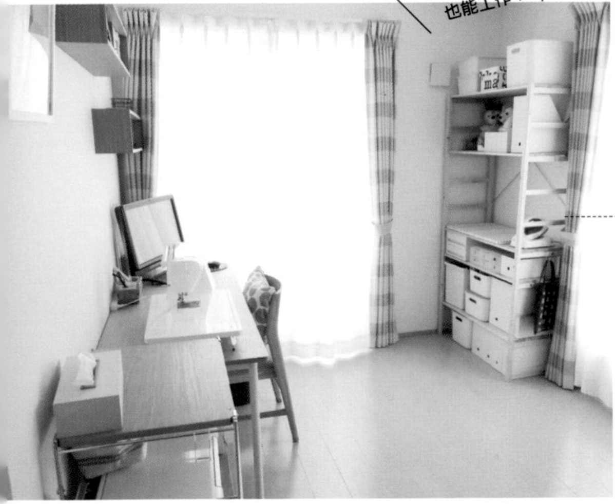

ⓒ
聚丙烯小物收納盒6層
（約寬11×深24.5×高32cm）2,490日圓

ⓑ
軟質聚乙烯收納盒／中
（約寬25.5×深36×高16cm）790日圓

ⓐ
松木組合架86cm寬／大
（約寬86×深39.5×高175.5cm）
14,900日圓

想要在家裡規劃一個
暫時工作區的人有福了！

線上申請家具
月租服務即將正式上路

不想多買桌椅嗎？從2021年開始，
無印良品和IDÉE將正式提供月租產品服務。

「雖然不知道居家辦公的情形會持續到什麼時候，姑且還是希望家裡能有個工作的地方」、「不知道工作上需要哪些家具用品」，有以上煩惱的人別錯過這則好消息！部分無印良品與IDÉE分店自二〇二〇年七月起試辦（＊1）的家具月租服務收到許多正面回饋，於是兩公司決定調整內容，二〇二一年正式開放該服務。服務正式上路後將變得更便利，只要上網就可以申請租借，對於在家工作的人來說簡直是一大福音。

QUESTION
「月租產品服務」是什麼？

ANSWER
就是每個月支付一定金額，便能在約定期間租用各種產品！

用戶只要每個月支付固定的費用，就能於申請的時間內租借無印良品和IDÉE的指定產品回家使用。租借品項中也包含適合遠端工作的桌椅組。試辦期間產品皆採整套出租方式，不過預計正式上路後各項產品皆可分開租借，這對租用者來說也方便多了。

＊1：此活動僅於日本限定店鋪推出。
＊2：上圖為IDÉE試辦期間提供的參考照片。

找出屬於你的
愛用品！

無印良品的優質工作桌＆工作椅

無印良品最新系列桌椅
每一種都好適合
工作區使用。

推薦好用工作桌❶

木頭桌面×黑色鋼製桌腳
增添工作區的時尚感

可摺疊桌／橡木／120cm

寬120cm、深70cm的大型高腳摺疊桌。雖然這個大小也可以當作較小的餐桌，不過我更推薦拿來當工作桌使用。橡木桌面與黑色鋼製桌腳搭配起來頗有時尚感，適合自然風或工業風裝潢。

寬120×深70×高72cm　19,900日圓

摺疊起來後…

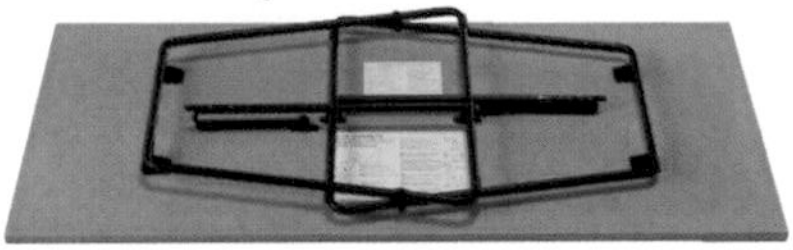

桌腳收合後整張桌子的厚度只有約10cm，可以收進縫隙。

推薦好用工作桌❷

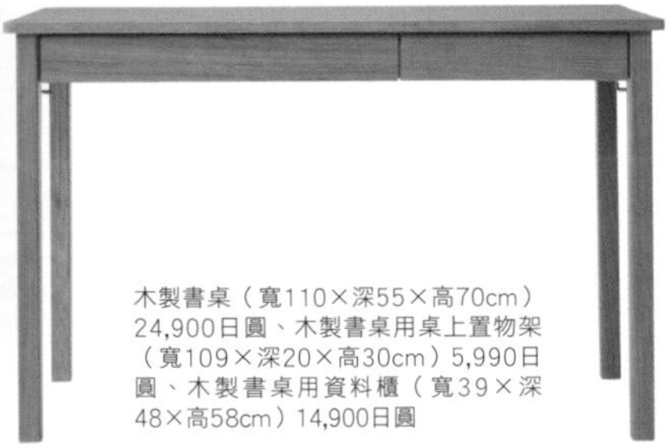

木製書桌（寬110×深55×高70cm）24,900日圓、木製書桌用桌上置物架（寬109×深20×高30cm）5,990日圓、木製書桌用資料櫃（寬39×深48×高58cm）14,900日圓

孩子讀書也適合的
標準型木書桌

木製書桌

這款橡木書桌一直都是無印良品相當受歡迎的學童用書桌。材質為耐用的原木材，設計也很簡約。桌面寬度110cm、深度55cm，正面左右各有一個抽屜，可以用來收納文具、筆記本。還可以搭配專用組合配件進一步提升方便性，如延伸作業空間的資料櫃，還有輔助維持桌面整潔的置物架。

即使搭配木製書桌用資料櫃、桌上置物架，造型依然簡潔俐落。

推薦好用工作桌❸

推薦給喜歡席地而坐的人！
折疊式的矮桌

可摺疊松木矮桌

如果你習慣在和室工作或自己住在一座小房間裡，而且是喜歡坐在地上的人，就蠻推薦這張桌子的。這是p.51、p.98「松木摺疊桌」的矮版，桌面寬80cm、深50cm，桌面面積充足。而且它一樣可以摺疊起來，收合後的厚度僅約6.5cm，工作結束後也能馬上清出空間。

寬80×深50×高35cm　4,990日圓

推薦好用工作椅❶

包覆感十足、坐起來好舒適

工作椅／寬椅背

其他系列的「工作椅」座面寬度為40cm，寬椅背款的座面則加寬至47.5cm。座面與椅背的曲線也符合人體工學，給人溫柔的包覆感。座椅高度可於41～51cm自由調整。本款工作椅還曾獲日本優良設計獎。另可加購專用手把（3,990日圓）組裝。

寬59.5×深56.5×高83.5cm 19,900日圓

推薦好用工作椅❷

偏小巧的尺寸適合女性和兒童

工作椅／氣壓升降式

無印良品所有「工作椅」之中尺寸最小巧的款式，不過座面直徑也有40cm。這款工作椅採用氣壓升降式設計，輕輕扳動拉桿即可於39～49cm之間調整高度。適合兒童和女性使用，也推薦給工作區在客廳或飯廳、希望椅子小一點的朋友。顏色共有藍色、紅色、灰色3色。

藍色（寬52.5×深50×高70～80cm）9,790日圓

推薦好用工作椅❸

可6段式調節椅背的超舒適和室椅

和室椅／可替換椅套／大

這款和室椅很適合搭配「推薦好用工作桌」使用，椅背有6段式調節功能，可以自在調整到自己舒服的角度。而且它的椅背和座面都比較寬，整個人放鬆靠著也沒問題。坐在地上工作比較容易疲勞，想要減輕負擔的人一定要考慮一下！

寬57×深102×高10cm（攤平時）4,690日圓

椅套要
另外買喔！

椅套需另購，有米色、原色、棕色3色可選。工業風厚實布料經過水洗加工，質感粗獷。而且重點是可以乾洗，平時在家就能定期拆下來清潔。

和室椅套／水洗棉帆布／米色／大
2,290日圓

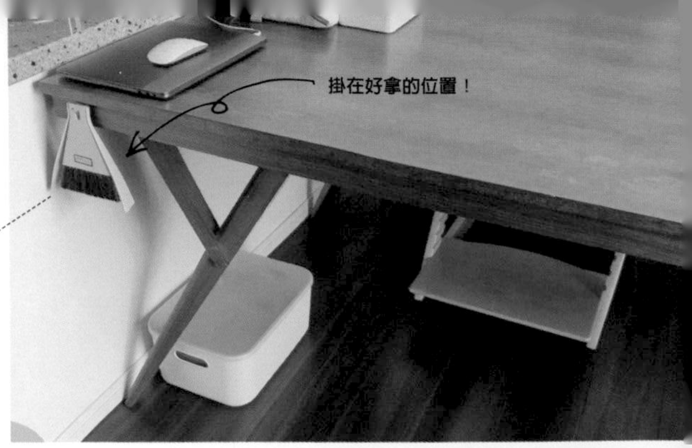

a

IDEA

輕輕鬆鬆打掃餐桌上、鍵盤裡的灰塵碎屑

……門傳奈奈

桌上型掃帚（a）用來清理桌上碎屑好用得沒話説。在餐桌上念書時總會留下一堆橡皮擦屑，而書房裡的電腦鍵盤縫隙也藏著不少灰塵，這些都能用桌上型掃帚清理乾淨。所以我在書房跟餐桌邊都掛了一個。這種能隨時清理的感覺真的很棒。

a
桌上型掃帚（附畚箕）
（約寬16×深4×高17cm）390日圓

b

a

IDEA

放在玄關的口罩和殺菌用品也能很有質感

……伊藤智子

玄關處用兩個壓克力相框（a）搭配長尾夾掛口罩。現在玄關也多了不少殺菌用品，所以我另外買了軟質收納盒（b）直放收納，內部空間也有區隔。口罩固定放在同一個地方之後，簽收宅配時或回來一下馬上又要出門時，都不用怕找不到口罩了！

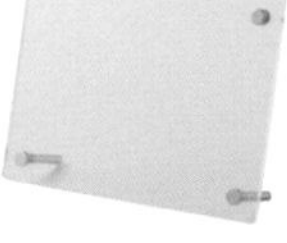

a
壓克力相框4／3×5
（一般照片尺寸用、約長17×寬13×厚0.5cm、內吋：長13×寬9cm）
490日圓　※直放使用

b
軟質聚乙烯收納盒半／中
（約寬18×深25.5×高16cm）690日圓

PART3

無印良品達人不藏私

兩種情境

真心推薦的商品 & 使用妙招

生活規劃顧問®
田中由美子

人氣生活規劃顧問「SMART STORAGE！」團隊成員。住宅介紹請見p.24～31。

推薦給餐桌工作派的無印良品產品

**餐桌往往是全家共用的地方，
準備這些東西更能提高工作效率。
偏好自然風裝潢的人也一定會喜歡！**

ITEM-01

簡約活動資料櫃

寬33×深33×高51cm　17,900日圓

簡約活動資料櫃的灰白色調和自然風裝潢的客廳相當契合。簡單的造型，藏著不簡單的收納能力。它不僅本身就有利於收納文具的抽屜，頂部大小也剛好適合放筆記型電腦，後端還有個小凹槽可以收納小物。資料櫃下方空間也容得下不少A4文件和書籍。「光這一個資料櫃，就能集中保管所有在家工作所需的用品。它的大小剛好可以收進桌底，就算要換個地方、換個用途也很方便。」（田中女士）

+ PLUS ITEM

PP抽屜整理盒（1）
（約寬10×深10×高4cm）120日圓

PP抽屜整理盒（2）
（約寬10×深20×高4cm）190日圓

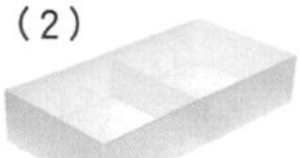

善用整理盒提升收納機能

抽屜內寸寬31×深23×高5cm，剛好容得下PP抽屜整理盒（1）、（2）各2個。

+ PLUS ITEM

聚丙烯立式斜口檔案盒A4／白灰
（約寬10×深27.6×高31.8cm）490日圓

PP抽屜整理盒（3）
（約寬6.7×深20×高4cm）150日圓

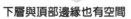

下層與頂部邊緣也有空間

下層最多可放3個立式檔案盒，頂面邊緣也有一個寬31×深8×高6cm的空間，可放一個PP抽屜整理盒。

+ PLUS ITEM

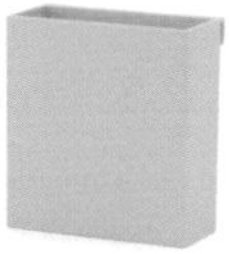

聚丙烯檔案盒用（小物盒）
（約寬9×深4×高10cm）190日圓

鋁製掛鉤／磁鐵式／大
（2入、約寬5×高7cm）390日圓

提升側邊收納力！

側面還可以黏上磁鐵掛鉤，或在頂端邊緣掛上聚丙烯檔案盒用小物盒。

融入飯廳風景
統一收齊
工作用品

桌上空間不夠用時還可以充當方便的臨時置物處！

ITEM-02

木製桌邊凳／板座／橡木

寬37×深37×高44cm　9,490日圓

有時候工作做到一半突然發現資料堆積如山，桌上已經放不下時真的很傷腦筋。這種時候，有一張木製桌邊凳就不用怕了。從商品名稱也可以猜到，它優秀的地方就在於既能當邊桌放東西、也能當板凳坐。「像我要吃午餐時，也會暫時將一些東西挪到桌邊凳上面放。因為它一椅兩用，很適合工作空間狹窄或不想堆太多西的人。」椅面下方還有一層棚板也是它的特色之一。

也有胡桃木的款式！

也能當小板凳
收在桌子底下

平常可以當板凳使用，所以和桌子放在一塊也很自然，不會破壞客廳裝潢風格。

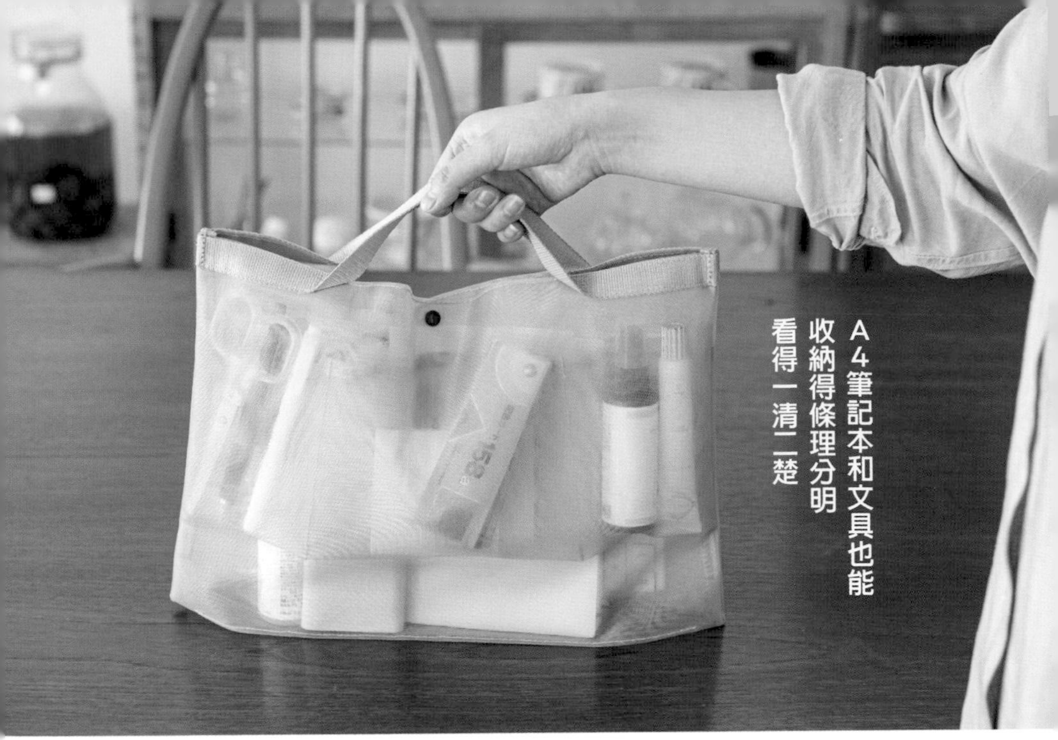
A4筆記本和文具也能
收納得條理分明
看得一清二楚

ITEM-03

尼龍網布包中包

A4尺寸用／灰　1,290日圓

這款灰色尼龍網布包是田中女士讚不絕口的收納袋。「袋子裡面還有分裝小物的內袋，所以收納文具、記事本、護唇膏、護手霜、鏡子之類林林總總的東西也不會全部混在一起。而且它材質帶一點透明，隔著袋子也能清楚看見哪個內袋裝什麼東西。

提把設計不只適合帶出門，在家保管、移動工作用品時也很方便。它還有B5的尺寸，不過我在家比較喜歡用A4大小，因為可以輕鬆容納A4筆記本和檔案夾。」

多達5個內袋
方便分類管理

其中一邊為3個較淺內袋，另一邊則是2個又大又深的內袋。容量相當充足。

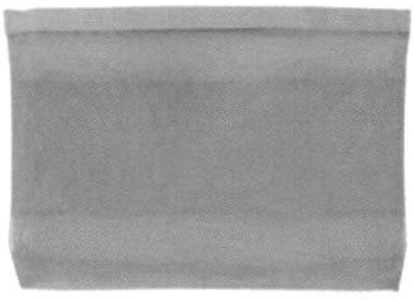

也有黑色！

筆記型電腦和
檔案夾、書本全部
放在一起提著走！

ITEM-04

附把手帆布長方形籃／大

約寬37×深26×高26cm　2,490日圓

如果你也習慣在餐桌工作，而且希望將工作用品集中放在身邊，又或是偶爾會想換到其他房間工作的人，建議準備這項法寶。這款帆布長方形籃材質厚實，寬度十足。內外兩側的底部表面也有塗裝加工，不容易髒。「無論是筆記型電腦、厚厚的檔案夾、書籍之類體積較大的東西都有辦法容納。而且它還有提把，我聽說很多人換房間工作時都會用它裝工作用品。平常沒用時還可以摺起來收納，更省空間。」

在這裡！

檔案盒可以避免東西散亂傾倒

「帆布籃底部很寬，放一個1/2檔案盒可以避免小東西混成一團，文件也不容易東倒西歪。」

+ PLUS ITEM

聚丙烯檔案盒標準型／1/2

（約寬10×深32×高12cm）
350日圓

在任何地方工作都能照亮手邊的無線桌燈

ITEM-05

攜帶式無線燈

MJ-TLL1　8,890日圓

用電腦或檢查資料這種文書作業總是藏著比較多細節。我想應該也有很多人像我一樣，怕只有原本的餐桌照明不夠亮吧？如果準備一個可充電的桌燈，就算附近沒有插座也能增加手邊亮度。「攜帶式無線燈的亮度很夠，能自由調整角度的設計也很方便。而且它可以摺疊收納，又有手提把，移動時也很輕鬆。」這款桌燈的操作非常直觀，用完後只要闔上就能切掉電源。

蓋上燈罩就能輕巧收納

攜帶式無線燈只有800g，蓋上時還可以拎著把手移動。簡約的造型即使擺在客廳角落也不會破壞美觀。

通勤包包掛一邊
工作用品輕鬆拿

ITEM-06

攜帶掛鉤

約9cm　750日圓

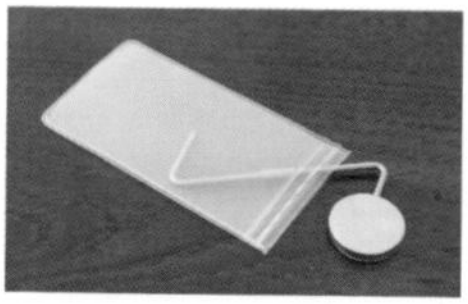

可以摺起來平放！

這款掛鉤本來就是設計給外出攜帶用的，所以平時可摺扁收納，還有附專用收納袋，輕巧不占空間。

塞了滿滿工作必需品的通勤用包包，在家工作時可以用掛鉤掛在桌邊。「無印良品的掛鉤造型單純，而且很實用。」攜帶掛鉤最高承重三公斤、掛鉤部分的長度略小於三公分（據編輯部測量）。它用來掛Ａ４的尼龍網布包中包（一〇九頁）也很剛好，兩者連袂出擊效果更好。

不須加水、可充電
讓手邊瀰漫微微香氣

ITEM-07

行動無水香氛機（黑色收納袋）

MJ-PAD2　2,990日圓

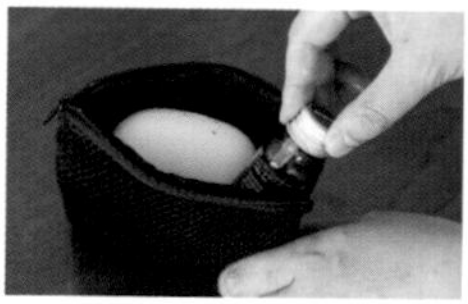

可以裝精油瓶的收納袋

附贈的尼龍網布收納袋除了香氛機，還能裝無印良品的小瓶綜合精油。

+ PLUS ITEM

綜合精油／休憩

10ml　1,490日圓

可充電的小型攜帶式香氛機。使用時不需加水，只要滴幾滴精油在內部毛氈上即可。「它的香氣只會瀰漫在自己周圍，所以不會影響到房間裡的其他家人，可以獨享喜歡的香氣。而且它還能插ＵＳＢ充電，很適合用電腦時放在一邊。不過它本來就能無線使用，所以出差時也可以帶著走。」

質感溫馨的小刷子
輕輕鬆鬆打掃桌面

ITEM-08

木製桌上型掃帚

約寬23×深1×高7cm　790日圓

平放也好、吊掛也好

放在木製托盤上看起來很有質感。也可以拿一條細繩穿過把手底部的孔後吊起來。

清理桌面用的掃帚，木製手把給人一種溫和柔美的感覺。「這枝刷子風格很北歐，可以提升打掃的興致。感覺用久了之後也會更有韻味。這把掃帚就算放在餐桌上也不奇怪，跟飯廳的氣氛也很合得來。」掃帚平常放在手邊，隨時都能清理橡皮擦屑。混合了馬毛的刷毛可避免灰塵揚起，而且充滿彈性，刷起來手感柔順。

熟悉的檔案盒
裝上方便的輪子

ITEM-09

聚丙烯檔案盒用蓋（可裝置輪子）

寬25cm用／白灰　490日圓

+ PLUS ITEM

聚丙烯檔案盒／標準型寬／A4／白灰
（約寬15×深32×高24cm）690日圓

聚丙烯檔案盒／標準型A4用／白灰
（約寬10×深32×高24cm）490日圓

PP組合箱用輪子
（4入）390日圓

「如果只是想要一個暫時的收納處，檔案盒用蓋會是很棒的選擇。裝上輪子、放上檔案盒，就能完成移動自如的簡易收納處。」

區隔空間後還能放小物

檔案盒內放入「聚丙烯摺疊分隔盒」，還可以用來收納小物。

聚丙烯摺疊分隔盒／3入（寬15cm用）99日圓

我的
選擇是

整理收納顧問／
住宅收納顧問
能登屋英里

經常舉辦講座、接受雜誌採訪的知名收納顧問。居家工作空間介紹請見p.54～59。

推薦給書桌工作派的無印良品產品

雖然有專用的工作桌，但桌面空間有限嗎？
有了這些產品就能大大增加便利度。
喜歡帥氣家居用品的人千萬不能錯過！

ITEM-01

硬質紙箱／蓋式／儲物箱

約寬38×深36×高36cm　3,490日圓

「我們經常會忽略工作桌底下的空間也能使用。如果沒有其他收納用品的人，買這款儲物箱來代替層架也不錯」（能登屋女士）。儲物箱底部有輪子，可以輕鬆進出桌子底下。此外，箱子的深度也是一大亮點。「A4大小的文件夾和雜誌只要打橫就能完全放入箱中，附手把檔案盒也能輕鬆容納。而且就算將手提收納盒和蓋上蓋子的12尺寸檔案盒疊起來，也還是能輕鬆放進儲物箱。這麼一來也能收納其他文具和小東西。」

手提收納盒的底下
還藏著…

利用充足深度
分割收納空間

最底下的蓋著。就算上面再堆疊一個、旁邊再塞一個也綽綽有餘。

+ PLUS ITEM

PP手提收納盒／寬…①
（約寬15×深32×高8cm）
990日圓

聚丙烯檔案盒／標準型
寬／1/2…②
（約寬15×深32×高12cm）
490日圓

聚丙烯檔案盒用蓋
（可裝置輪子）
寬15cm用／透明…③
390日圓

聚丙烯附手把檔案盒
標準型…④
（約寬10×深32×高28.5cm）
990日圓

輕鬆推進桌子底下
消除氣息隱身角落

儲物箱底部有輪子，工作結束後可以推進桌子底下，維持空間整潔。

底部附輪子
有效運用
桌子底下的空間

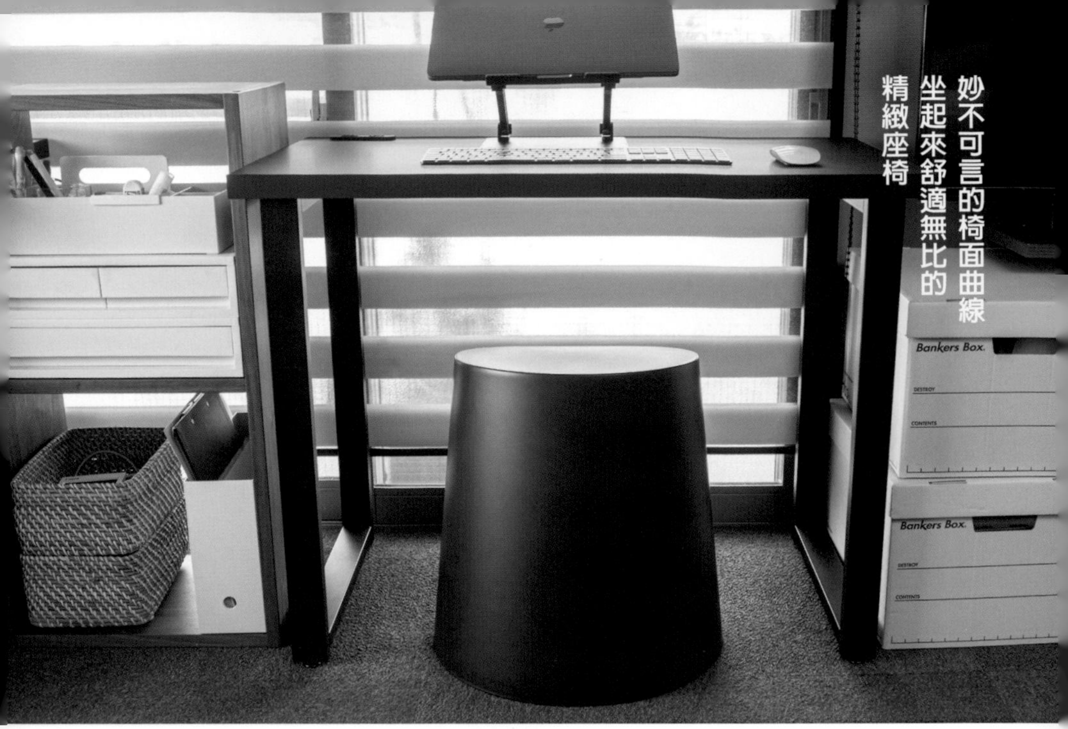

妙不可言的椅面曲線
坐起來舒適無比的
精緻座椅

ITEM-02

PP可堆疊椅凳

約寬43×深34×高45cm／深灰　2,490日圓

如果工作桌不是擺在自己的房間，而是客飯廳，椅子容易顯得格外突兀。一般的工作椅也有可能影響到客廳整體的裝潢。「不過這張椅凳無論顏色還是造型都很簡約，平常也可以收在桌子底下。而且椅面帶著一點曲線，中間微凹，坐起來超乎想像得舒服。」從商品名稱也不難猜想，這張椅凳可以堆疊收納壓縮體積，所以不妨多準備幾張以因應不同用途。

也有淺灰色喔！

最多可堆疊5張

PP可堆疊椅凳一次最多可疊5張。平時不見得要擺在工作桌周圍，也可以疊起來收在其他地方。

隨機應變
自由組合
工作桌
也能很時尚

ITEM-03

木製小物收納盒＆木製收納架

木製小物收納盒1層（約寬25.2×深17×高8.4cm）1,990日圓、木製小物收納盒6層（約寬8.4×深17×高25.2cm）2,990日圓、木製收納架／A5尺寸（約寬8.4×深17×高25.2cm）1,490日圓

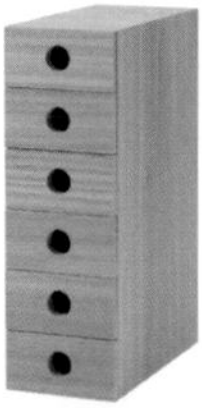

桌上規劃一塊文具、小物、常用文件與書籍的收納區，工作時也會方便許多。這時就輪到木製收納系列表現了。天然木頭質感能輕易融入各種室內裝潢風格。

「無論單獨使用、組合使用，木製收納系列都能馬上提升桌面的質感。當然這些用品除了好看，收納效果也很好。我個人建議一層收納盒的上面空下來，不要堆疊其他東西。這個位置可以拿來當工作時的暫時置物處，或是擺一些小盆栽或小東西裝飾，看了也開心。」

6層收納盒也能橫放
搭配1層收納盒使用

木製小物收納盒6層的尺寸和1層一樣，將抽屜改成橫放的形式即可堆疊使用。

只要細心規劃就能發揮萬用潛力的「大人玩具箱」

ITEM-04

還有米色的喔！

紙盒

A4用／深灰 690日圓、A5用／深灰　590日圓

上蓋後堆疊 整齊不雜亂！

事情做完後把工作用具和筆記本放進紙盒，蓋上蓋子。並且堆疊擺放、邊角對齊，就能維持桌面的整潔。

無印良品的「紙盒」很適合用來整理工作桌周邊的東西。它和其他無印良品的筆記本、檔案夾搭配使用也相當自然，而且因為是以多層厚實再生紙板製成，質地相當紮實。「紙盒是我可以輕鬆運用的材質，形狀也很漂亮。而且它有附蓋子，用來收納小東西再適合不過了。搭配抽屜整理盒還能編排出自己專屬的收納規格。例如上面照片右邊的A4大小紙盒，裡面就各用了一個抽屜整理盒1、2，還有兩個整理盒3。也可像左邊的A5紙盒般當作單純置物箱，收置用完的筆記本和文具。」

+ PLUS ITEM

PP抽屜整理盒（1）
（約10×10×4cm）120日圓

PP抽屜整理盒（2）
（約10×20×4cm）190日圓

PP抽屜整理盒（3）
（約6.7×20×4cm）150日圓

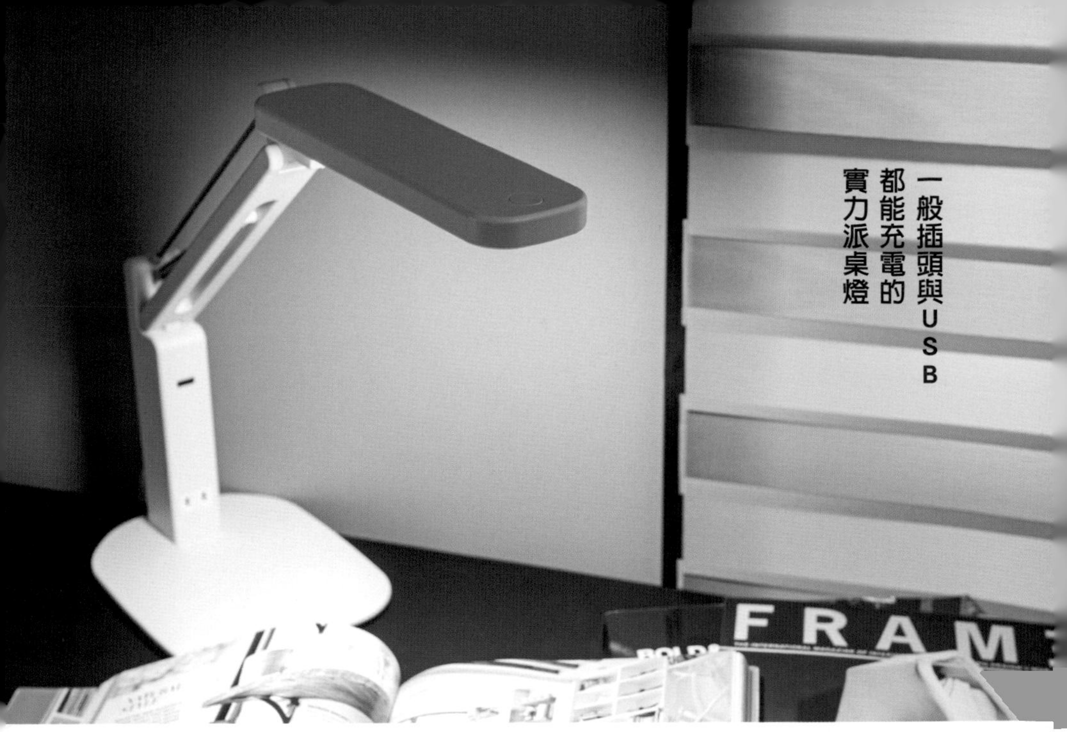

一般插頭與USB都能充電的實力派桌燈

ITEM-05

可插電式桌燈 附燈座

MJ-DL1B　6,990日圓

我們的工作型態已經和USB與插座密不可分，用電腦、用手機，或用其他電器時都需要充電，桌上亂糟糟的電線也經常成為煩惱的根源。「這款桌燈有一般插頭與USB兩種插孔，有助於維持文書作業環境的清新。而且燈頭角度還能微調，很方便喔。」桌燈的色溫接近自然光，還有兩段式亮度調節功能。作為一盞桌燈，其功能性也堪稱實力派。

附超方便的USB充電孔

它的特色是除了一般插座，還可以接USB線充電。插座部分最高可承受400W的功率。

結合手機架與小物收納架的功能！

ITEM-06

壓克力手機小物架／小

約寬8.4×深8.4×高9cm　690日圓

拿來當筆筒剛剛好

手機小物架的大小剛好適合放剪刀和筆。也可以用來裝電線或眼鏡。

手機架可以避免我們手機亂丟，而無印良品的手機架更棒的是還能用來收納小物。手機直放橫放都可以，這樣子看手機畫面時兩手也可以騰出來做其他事了。「『壓克力收納』系列都是透明的設計，隨意擺放也不會破壞美觀。專門用來放手機和常用的小東西也很方便。」

方便集中保管電線類與充電器

ITEM-07

聚酯纖維吊掛可拆收納袋

黑、約寬12×深18×高4.5cm
1,590日圓

可拆卸的鈕扣設計

收納袋是用鈕扣裝在本體上，隨時能拆卸下來單獨帶著走。

還有灰色和深藍色！

這款熟悉的旅行用收納袋原本是用來裝盥洗用品，不過工作桌也有它派上用場的地方。「大家有沒有試過將電線和零散的充電器、滑鼠等電腦手機周邊用品統一收在一起？這款收納袋要用時可以利用掛鉤吊在桌子旁邊，可以節省許多空間，而且內容物一覽無遺。更特別的是中間這個小袋子還可以拆下來使用。」

時間數字清晰可辨
溫度濕度也在旁邊

ITEM-08

數位時鐘／附可調整式大音量鬧鈴

鬧鐘／黑色　3,990日圓

這裡！

還有白色！

搭載背光功能

頂部的貪睡鈕也是背光開關。按下按鈕打開背光，房間再暗都能看得一清二楚。

乾淨的畫面、極簡的外型……這座充滿無印良品特色的時鐘最適合擺在工作區了。「畫面上的數字很清楚，一眼就能看出時刻。更吸引人的是旁邊還有顯示溫度和濕度。整頓居家工作環境也是遠端工作的一環呢。」

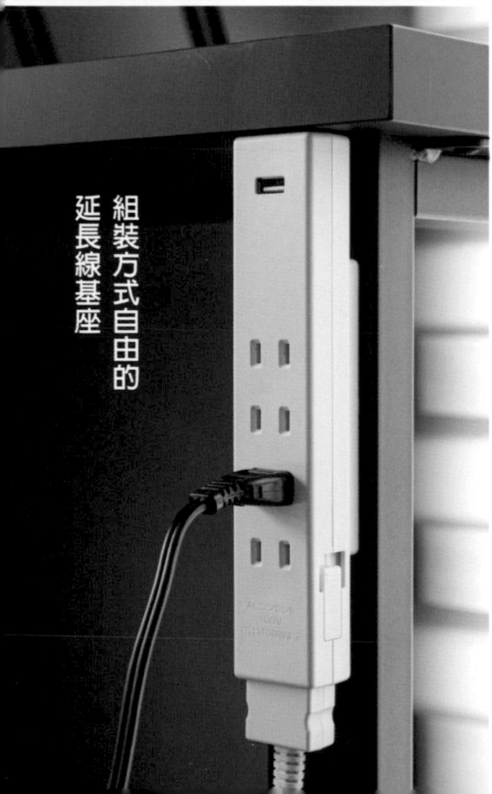

組裝方式自由的
延長線基座

ITEM-09

延長線基座

附固定鎖／4插座／1 USB孔（MJ-JT10B）1,490日圓、磁鐵配件（MJ-JT20A）290日圓、延長線1m（MJ-JT03B）590日圓

可以用磁鐵固定

「延長線基座（附固定鎖）」背面裝上專用的磁鐵配件，還可以吸附在金屬家具上。

工作桌附近若需要多個電源，不妨使用「延長線基座」系列產品。延長線長度最短十公分，另有一、三、五公尺共四種尺寸。至於基座插孔也有三、四、五孔的樣式，可以自行組裝符合自己需求的延長線。「『延長線基座／附固定鎖／4插座』還有一個USB孔，搭配磁鐵固定位置就能避免電線四散。」

幫助你工作
無往不利！

舒服的按鍵回饋感，
按得快也不容易出錯。
（生活之音＊mico）

擁有「亮點」的無印良品文具

**設計超簡約、功能超實在
讓人好想收編進工作區的
無印良品精選文具！**

也有黑色

計算機／大／12位 銀

許多人都在用的計算機。這款計算機還有記錄前次計算結果的功能，這在驗算稅額的時候很方便。而且按鍵按起來也很順手，連專業的會計人員也讚不絕口。

1,990日圓

另有8位機型！

還有掌上尺寸的8位計算機。功能雖然比12位簡單，但也較輕巧，所以愛用者也不在少數。

計算機／8位
銀　990日圓

無針釘書機

這款釘書機不需要釘書針，是利用打洞方式釘起文件，一次最多可釘5張影印紙。既然不會製造垃圾，自然能減少在家工作的麻煩。而且外型也很簡約。

約寬2.6×高4.9×深9.2cm　550日圓

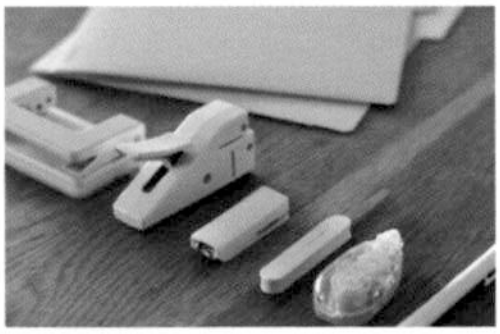

**整理報稅資料的好幫手！
無印文具小英雄**

「鋼製2孔打洞機、輕便可收式剪刀之類的小文具，平常都用B6尺寸的灰色尼龍網眼收納袋收得好好的。」（mujikko）

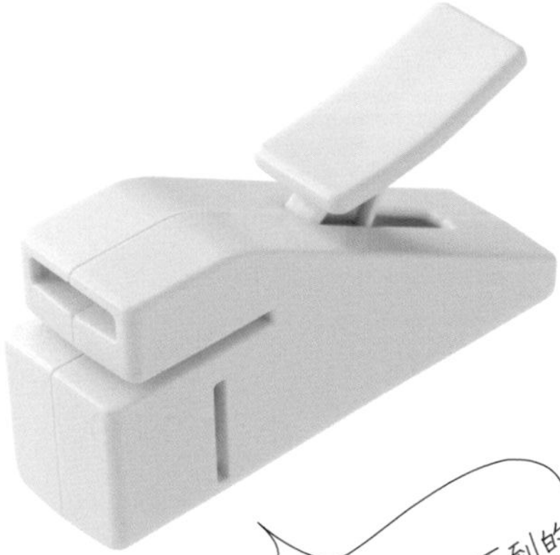

其他品牌找不到的
簡約輕巧感！
（mujikko）

收合時變扁扁的
可以輕鬆放入抽屜！
（usuriri）

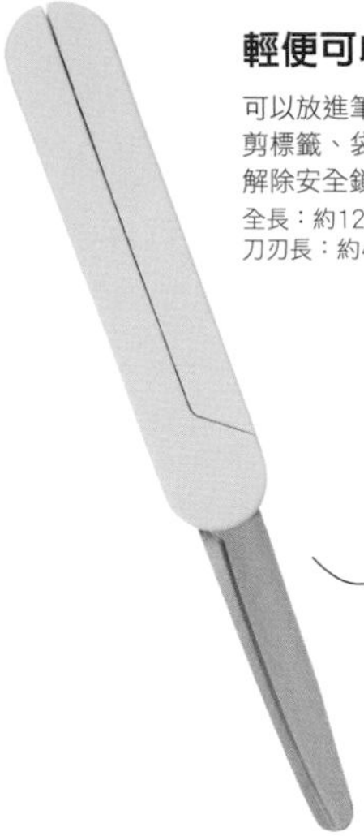

輕便可收式剪刀

可以放進筆盒，好收好帶的小巧剪刀。需要剪標籤、袋子或任何東西時，可以立刻單手解除安全鎖，從棒狀打開變成剪刀狀使用。

全長：約12cm
刀刃長：約4.3cm　450日圓

剪裁不費力，
一把小剪刀就讓你
變「工作能手」！
（門傳奈奈）

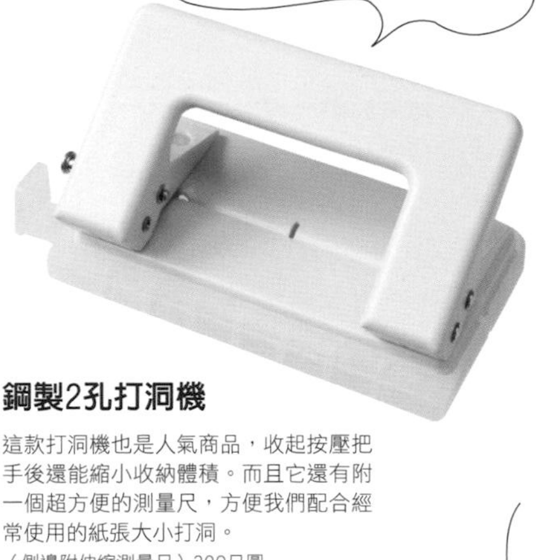

鋼製2孔打洞機

這款打洞機也是人氣商品，收起按壓把手後還能縮小收納體積。而且它還有附一個超方便的測量尺，方便我們配合經常使用的紙張大小打洞。

（側邊附伸縮測量尺）390日圓

隨時要用的工作資料
集中裝起來更有條理！
（國松麻央）

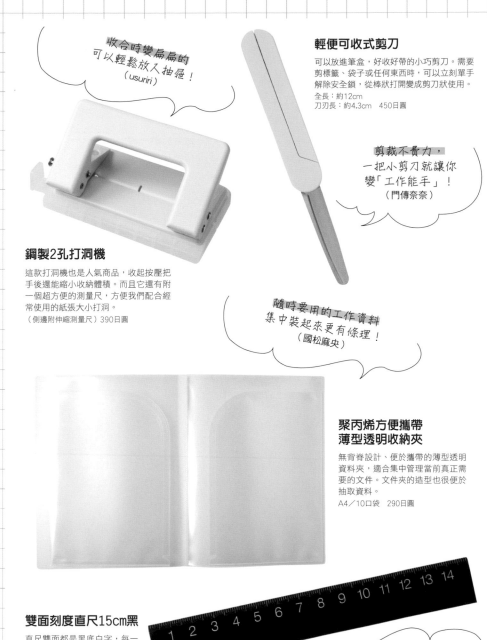

聚丙烯方便攜帶
薄型透明收納夾

無背脊設計、便於攜帶的薄型透明資料夾，適合集中管理當前真正需要的文件。文件夾的造型也很便於抽取資料。

A4／10口袋　290日圓

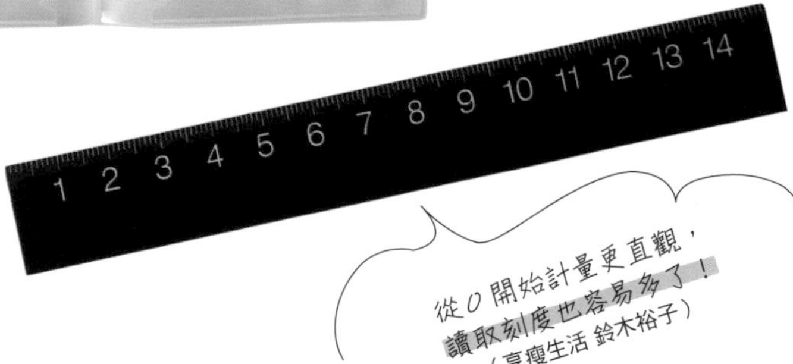

雙面刻度直尺15cm黑

直尺雙面都是黑底白字，每一分刻度都能看得一清二楚。這把尺兩面都有刻度，是對左右撇子都很友善的通用設計。

100日圓

從0開始計量更直觀，
讀取刻度也容易多了！
（享瘦生活 鈴木裕子）

「看見」待辦事項
思緒也會很清楚！
（田中由美子）

短冊便條紙（待辦事項）

簡明扼要的待辦清單，可以清楚整理待辦事項。手寫清單的過程也會幫助大腦整理資訊，自然打開幹勁開關。

40頁／14行　約8.2×18.5cm
100日圓

夾在書籍重要頁數，
隨時都能複習
重點和用語！
（戎谷洋子）

待辦事項索引便利貼

附索引的待辦清單便利貼，夾進書頁可以方便我們隨時翻開特定頁數。這款便利貼除了用在記事本上，準備證照考試時也能發揮莫大功用。

3色／各10張 30張　250日圓

喜歡它內斂的色調。
寫下每天生活中的
小小發現
（森 麻紀）

將突如其來的創意
和孩子的成長紀錄
整理成小小備忘錄
（伊藤智子）

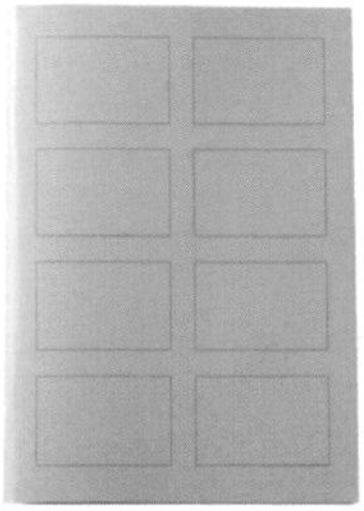

週刊四格筆記本／迷你

模仿漫畫週刊裝訂方式的筆記本。內頁紙質較粗，一個跨頁共有16個長方形漫畫格，使用方法完全自由。這款筆記本的樂趣，就在於發掘漫畫格潛藏的用法。

※因一度停產，某些時期可能無庫存

A5／88張　100日圓

裝上封套更方便！

「『筆記本（5mm方格）／A5』裝上封套後更不容易髒，還多了收藏剪報的功用。」（森 麻紀）

PP薄型收納夾／筆記本封套／A5／6口袋　190日圓

筆記本5mm方格

擁有低調深灰色封面、極簡外觀的線裝筆記本。翻頁時很順暢，內頁寫起來也很順手，不過價格並沒有想像中的貴。是一本會刺激你不斷寫下靈感的筆記本。

A5／深灰／30張／線裝　80日圓

白色紙膠帶本來就是
可遇不可求的好東西呢
（千葉美波子）

附裁線紙膠帶／空白

每隔幾公分就有一條裁線，不用剪刀也能漂亮撕開的空白紙膠帶。表面可用水性原子筆寫字，便於製作手寫標籤。

也有較寬的類型！

寬15mm、全長9m、裁線間距約10mm　190日圓

寬30mm、全長9m、裁線間距約30mm　290日圓

還有這些款式！

日期、星期、待辦事項的款式也很受歡迎，可以用於製作自己的記事本。

附裁線紙膠帶／待辦事項 全長9m、日期31天×12個月、星期　7天×60週（裁線間距皆為12mm）皆190日圓

黑白色的筆管
避免色彩氾濫
保持工作區清新
（能登屋英里）

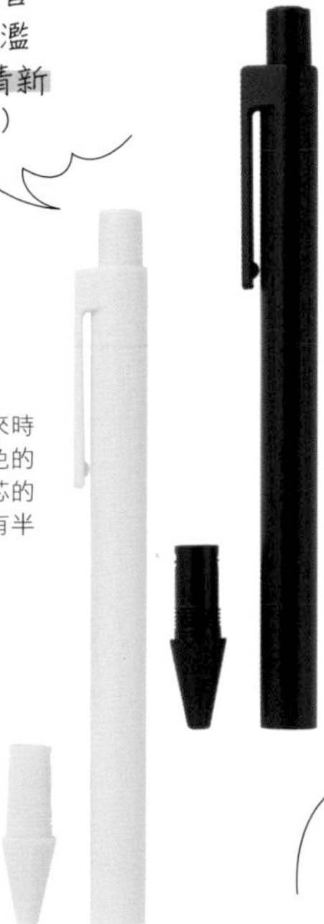

自由換芯按壓筆管 黑、白

如果筆的顏色太多，擺出來時容易顯得雜亂。這款黑白色的筆管可以隱藏專用膠墨筆芯的顏色，保持外觀乾淨。另有半透明的筆管。

一枝30日圓

PP按壓螢光筆

少見的按壓式螢光筆。既然沒有蓋子，就不用擔心弄丟蓋子的問題。許多人用過都說「顏色夠顯眼，但又不會太刺激」。另有橘、粉紅、藍共5色。

黃色、綠色　一枝120日圓

按壓式設計
省去拔筆蓋的步驟。
單手就能使用
（pyokopyokop）

無印良品達人& KOL List

※「生活尼斯達」是一座分享生活創意的交流網站，也指稱在該網站上活動的生活達人。
https://kurashinista.jp/

戎谷洋子
／整理收納顧問、寫手、生活尼斯達

曾於服飾業工作，現為整理收納顧問兼網路媒體寫手。由於丈夫經常因工作調派而搬家，她也在經過無數次搬家後深刻體會到無印良品的產品有多好用，無論怎麼改變用途與組合方式都能發揮效益。本次受訪時也分享了她趁著搬家時用組合層架打造出來的新工作區。

[家庭成員] 與丈夫2人同住 [住宅格局] 居住於香川縣公寓2LDK
[主要工作區] 客廳、自己的房間
[部落格] https://ameblo.jp/rin20090318
[生活尼斯達] https://kurashinista.jp/user_page/detail/27724

kagi さん
／Instagramer、餐飲業

喜歡簡單的裝潢風格。她還在念書時就很喜歡無印良品簡單又方便的產品設計，一開始用的是文具，後來一個人搬出去住後也對家具產生興趣。由於她常因為工作關係搬家，所以家裡處處可以看見方便的無印良品產品。

[家庭成員] 丈夫、女兒、2個兒子共一家5口 [住宅格局] 居住於愛知縣獨棟3LDK [主要工作區] 客廳
[Instagyam] https://www.instagram.com/kagi.__

kana さん
／Instagramer、物理治療師

許多人都好奇，她家裡明明有3個男孩，怎麼還有辦法輕輕鬆鬆將房間打理得有條不紊。她本身是一名物理治療師，經常需要在客廳學習工作相關的新知。她喜歡無印良品的收納用品，尤其中意其用不膩的設計與耐用度。以前在學時買的摺疊桌一直到現在都還沒退休。

[家庭成員] 丈夫、3個兒子共一家5口 [住宅格局] 居住於北海道獨棟2LDK [主要工作區] 飯廳
[Instagyam] https://www.instagram.com/ren_yu_asa

Camiu.5 さん
／Instagramer

追蹤數超過5萬人的人氣Instagramer。他們家孩子出生之後，家裡也多了不少東西，於是PP盒成了她與無印良品的邂逅。無印良品的產品無論放在什麼空間都很合適，外觀又簡單，不夠用時還能馬上添購，所以她需要收納用品時總會先到無印良品找。

[家庭成員] 丈夫、3個女兒共一家5口 [住宅格局] 居住於愛知縣獨棟3LDK [主要工作區] 客廳
[Instagyam] https://www.instagram.com/camiu.5

國松麻央
／生活規劃顧問、香氛空間規劃專員、生活尼斯達

經營收納顧問公司「JUST SPACE」，協助顧客找出「剛剛好的收納與空間」、「輕鬆有型的生活」。她認為無印良品的產品能融入各種裝潢風格，卻又不失存在感，所以也較容易推薦客人使用。家裡寬達2m的大餐桌就是她的工作區。

[家庭成員] 丈夫、女兒、兒子共一家4口 [住宅格局] 居住於埼玉縣公寓3LDK [主要工作區] 飯廳
[Instagyam] https://www.instagram.com/justspace_monogoto/
[生活尼斯達] https://kurashinista.jp/user_page/detail/9697

享瘦生活 鈴木裕子
／生活規劃顧問、衣櫃收納顧問、生活尼斯達

提倡「讓生活更精瘦的收納方式」，並以衣櫃收納顧問身分，主要協助客人整理收納服飾。無論在工作上還是私底下，想要「好好整頓」環境時一定會先想到無印良品的收納用品。她特別喜歡無印良品適合運用於各種情景的彈性。

[家庭成員] 丈夫、女兒、兒子共一家4口 [住宅格局] 居住於東京都獨棟4LDK [主要工作區] 單間 [部落格] https://kurashislim.com
[生活尼斯達] https://kurashinista.jp/user_page/detail/6930

ayako teramoto
／插畫家、部落客

重新整修中古公寓的住家，實踐簡單生活風格。經營人氣部落格「心輕鬆，簡單過生活」，經常分享無印良品與Marimekko等北歐設計產品，以及簡約＆北歐現代風室內設計。既是網路媒體寫手，也是一名插畫家。

[家庭成員] 丈夫、3個兒子共一家5口 [住宅格局] 居住於神奈川縣公寓2LDK [主要工作區] 客廳角落
[部落格] https://www.simple-home.net/

iie design
／一級建築士、生活規劃顧問、生活尼斯達

自行操刀設計自用住宅兼一級建築士事務所「iie design」。她平常主要承辦住宅、店面空間設計、裝修，他們家的北歐風裝潢也令人心醉。她喜歡無印良品簡單不張揚的設計，以及可以長久使用、隨時添購的特色，所以她的生活中始終看得見無印良品的身影。

[家庭成員] 丈夫、兒子、女兒共一家4口 [住宅格局] 居住於岐阜縣獨棟3LDK＋閣樓 [主要工作區] 單間
[部落格] https://hokuokukan-blog.com/
[生活尼斯達] https://kurashinista.jp/user_page/detail/9684

伊藤智子
／生活規劃顧問、SOHO規劃顧問、生活尼斯達

不只擁有生活規劃顧問證照，亦持有辦公室整理專業證照「SOHO規劃顧問（SOHO Organizer）」，富含工作區規劃智慧。她喜歡無印良品合理且時尚的設計，每次逛無印良品時腦中總會冒出全新的收納巧思。

[家庭成員] 丈夫、2個兒子共一家4口 [住宅格局] 居住於東京都獨棟4LDK [主要工作區] 飯廳
[Instagyam] https://www.instagram.com/tome_ito/
[生活尼斯達] https://kurashinista.jp/user_page/detail/30736

a_plus.kyoto
／整理收納顧問、不動產經紀人

任職於房仲公司，同時也作為整理收納顧問，協助顧客維護購房後的生活品質。她認為無印良品的產品設計簡單，易於搭配各種裝潢風格，而且耐久性佳、方便取得，所以替客人規劃整理收納時也經常選用無印良品的東西。

[家庭成員] 丈夫、女兒、2個兒子共一家5口 [住宅格局] 居住於京都府5LDK [主要工作區] 飯廳
[部落格] https://a-plus.shopinfo.jp
[生活尼斯達] https://kurashinista.jp/user_page/detail/12997

森 麻紀
／生活規劃顧問、寫手、生活尼斯達

希望以生活規劃顧問的身分，提倡「適合自己的剛剛好收納法」，主張不執著、不勉強、不造成反彈的收納。她平時也於網路媒體投稿。無印良品的產品通常可以身兼多職，長久使用，是她收納時不可或缺的法寶。他們家各個房間也都能看見無印良品的產品。

`家庭成員` 丈夫、女兒共一家3口　`住宅格局` 居住於愛知縣小公寓2LDK
`部落格` https://macky1010.blog.fc2.com
`生活尼斯達` https://kurashinista.jp/user_page/detail/3126

門傳奈奈
／生活規劃顧問、心靈整理顧問（Mental Organizer）、生活尼斯達

生活規劃顧問，主打「每天擠出30分鐘自由時間的忙碌媽媽收納術」。她平常在餐桌上工作，不過也在廚房的櫃子上整理出一個簡便工作區，孩子回家後也能轉移陣地處理簡單的工作。

`家庭成員` 丈夫、兒子、2個女兒共一家5口　`住宅格局` 居住於東京都公寓3LDK
`部落格` https://ameblo.jp/yurumama-ideas
`生活尼斯達` https://kurashinista.jp/user_page/detail/15548

安尾香奈
／生活規劃顧問、室內軟裝師、生活尼斯達

發揮自己育兒經驗，提倡「整頓媽媽們的生活與心靈」的思緒與空間整理專家。具有生活規劃顧問、室內軟裝師兩種身分。她覺得無印良品的產品「品質優良、感觸溫馨」，所以除了收納用品以外，許多衣服和化妝品也都選擇無印良品。

`家庭成員` 丈夫、大兒、兒子共一家7口　`住宅格局` 居住於京都府公寓3LDK
`主要工作區` 客廳的系統收納櫃
`部落格` https://kanayasuo.com
`生活尼斯達` https://kurashinista.jp/user_page/detail/30338

山田明日美
／生活規劃顧問、講師、生活尼斯達

她的規劃哲學是打造「不找東西的家」。她有一張無印良品的摺疊桌，平常就帶著這張桌子在家中各處工作。她說居家工作要順利，秘訣就是在單純的空間做事，避免注意力渙散。她也強力推薦低調卻實用的產品最合適居家辦公。

`家庭成員` 丈夫、女兒、兒子共一家4口　`住宅格局` 小公寓3LDK
`主要工作區` 客廳等　`部落格` https://kaikabiyori.com
`生活尼斯達` https://kurashinista.jp/user_page/detail/24870

Yuu
／Instagramer、技術文件寫作專員

喜歡素雅的北歐風裝潢。她將家裡和室一角改造成工作區，處理遠端工作、衣服熨燙，也會在這裡玩裁縫。她在思考物品收納時總會先想到無印良品的產品，工作區也可以看到許多無印良品的產品。

`家庭成員`　丈夫、2個女兒、兒子共一家5口　`住宅格局` 居住於歌山縣獨棟5LDK　`主要工作區` 和室、飯廳
`Instagyam` https://www.instagram.com/yuu0520

life_is_trip_70
／Instagramer、教保員

於IG上分享各種避免收納習慣中斷的技巧。她在家中廚房旁整理出一塊自己的工作區，除了處理工作、寫寫文章，也會在這裡喝喝咖啡享受私人時光。她喜歡無印良品的收納家具與用品，因為買回來當天就能融入房間氣氛，不起眼的質感與氛圍也相當吸引人。

`家庭成員` 丈夫、兒子、女兒共一家4口　`住宅格局` 居住於北海道獨棟4LDK　`主要工作區` 廚房邊一隅
`Instagyam` https://www.instagram.com/life_is_trip_70

生活之音＊mico
／部落客、行政事務員

經營人氣部落格「生活之音」，分享簡單生活風格與喜歡的無印良品產品。客廳外的小中庭、客廳、沙發區、孩子的房間都是她的工作區。她會依照當天心情，帶著一台MacBook變換工作的地方。她認為無印良品的東西品質很高，值得長久使用下去。

`家庭成員` 丈夫、2個兒子共一家4口　`住宅格局` 居住於大阪府獨棟3LDK　`主要工作區` 小中庭
`部落格` https://kurashino-ne.net

香村 薰
／家事研究家、生活規劃顧問、生活尼斯達

「適度極簡主義者」。她應用自己在豐田汽車工作時學會的做事方法，開發出一套「豐田式居家整理術」，並著有《TOYOTA式家事分工法》（暫譯）。平常都在家裡客廳工作，沒有專屬的工作空間。所以每天都很努力學習如何在工作與休息之間轉換心態。

`家庭成員` 丈夫、2個兒子、女兒共一家5口　`住宅格局` 居住於愛知縣公寓3LDK　`主要工作區` 客廳
`部落格` https://ameblo.jp/amikarly
`生活尼斯達` https://kurashinista.jp/user_page/detail/3003

非極簡主義者 fune
／部落客、寫手、講師

目標是把家裡打造成無印良品店面般的環境，所以家中收納用品與小東西幾乎都是無印良品的商品。經營人氣部落格「無印良品愛好者fune煩惱的簡單生活」，分享各種無印良品的資訊，以及東西再多也能收拾乾淨的技巧。她也於其他網路媒體上撰文，同時還是一名幼教講師。

`家庭成員` 丈夫、大女兒、兒子、小女兒共一家5口　`住宅格局` 居住於埼玉縣獨棟4LDK　`主要工作區` 客廳角落
`部落格` www.muji-fune.com

pyokopyokop
／Instagramer、YouTuber、寫手

經營部落格「生活的工夫.com」，分享各種將家事常規化的技巧、防災小知識，吸引許多網友關注。著有《家事常規化·無腦整理術》。家中廚房用品、收納用品、孩子的東西、化妝品都是無印良品的產品。

`家庭成員` 丈夫、2個女兒共一家4口　`住宅格局` 居住於關東地區獨棟3LDK　`主要工作區` 飯廳
`部落格` https://kurashinokufuu.com
`Instagyam` https://www.instagram.com/pyokopyokop

fumi
／Instagramer

她喜歡無印良品統一的產品規格，添購時不怕尺寸不合，所以汰換率也低。雖然她盡量不把工作帶回家中，但真的沒辦法的時候會在飯廳處理。興趣是在自己的房間做裁縫。

`家庭成員` 丈夫、兒子共一家3口　`住宅格局` 獨棟4LDK
`主要工作區` 飯廳、自己的房間
`Instagyam` https://www.instagram.com/__fumi__

Misa
／Instagramer、整理收納顧問、整理收納教育士

專門分享各種北歐風家用品風家事智慧的Instagramer，追蹤數15萬人。家中收納用品有8成都來自無印良品。她喜歡無印良品設計簡單、用途不限，還有方便自由搭配的統一規格。著有《北歐風簡淨生活》（暫譯）。

`家庭成員` 丈夫、2個兒子共一家4口　`住宅格局` 居住於大阪府公寓3LDK　`主要工作區` 客廳
`部落格` https://ruutu73.com
`Instagyam` https://www.instagram.com/ruutu73

TITLE

無印良品居家工作質感空間打造哲學

STAFF

出版	三悅文化圖書事業有限公司
編著	主婦之友社
譯者	沈俊傑
總編輯	郭湘齡
責任編輯	蕭妤秦
文字編輯	張聿雯
美術編輯	許菩真
排版	二次方數位設計　翁慧玲
製版	印研科技有限公司
印刷	龍岡數位文化股份有限公司
法律顧問	立勤國際法律事務所　黃沛聲律師
戶名	瑞昇文化事業股份有限公司
劃撥帳號	19598343
地址	新北市中和區景平路464巷2弄1-4號
電話	(02)2945-3191
傳真	(02)2945-3190
網址	www.rising-books.com.tw
Mail	deepblue@rising-books.com.tw
初版日期	2022年5月
定價	300元

ORIGINAL JAPANESE EDITION STAFF

ブックデザイン	太田玄絵
撮影	鈴木江実子(カバー、p.6～31、54～65、106～121)　mujikko(p.48～53) 佐山裕子(主婦の友社)(p.32～47) インフルエンサーの皆さん(p.68～95、98～100、104)
構成・取材・文	秋山香織
まとめ執筆協力	北浦芙三子(p.68～95、98～100、104)
取材協力	RoomClip(p.32～38)
編集担当	町野慶美(主婦の友社)

國家圖書館出版品預行編目資料

無印良品居家工作質感空間打造哲學/
主婦之友社編著；沈俊傑譯. -- 初版. --
新北市：三悅文化圖書事業有限公司,
2022.05
128面；14.8 x 21公分
譯自:無印良品でつくるワークスペース
ISBN 978-626-95514-2-2(平裝)

1.CST: 家庭佈置 2.CST: 空間設計
3.CST: 室內設計

422.5　　111005037